Mathematik 6

Lösungsband

Autoren:

Johannes Dlugosch
Franz-Josef Götz
Bernd Liebau
Josef Widl

Beratung:

Johanna Heidysch
Marianne Kohout

bearbeitet von:

Hans Niedermeier

westermann

Hinweis auf passende Zusatzmaterialien Mathematik:

Mathe-Box, 6. Schuljahr (Lern- und Spielmaterial mit Aufgaben-, Aktions-, Rätsel- und Ergebniskarten	Best-Nr. **11 1575**
Mathe: gut! Aufgabensammlung Kopfrechnen 5/6	Best-Nr. **11 2765**
Mathe: gut! Aufgabensammlung 6. Schuljahr	Best.-Nr. **12 2726**
Lernspiele Mathematik 5/6 (Lernkartei)	Best.-Nr. **11 2785**
CD-ROM Mathe-Bits Bruchrechnen	Best.-Nr. **36 2001**
CD-ROM Matheralley	Best.-Nr. **987**
CD-ROM Aufgabenwerkstatt II – Bruchrechnen (Erstellen individueller Arbeitsblätter)	Best.-Nr. **36 2009**

Einzelheiten siehe Katalog oder www.westermann.de

1. Auflage Druck 5 4 3
Herstellungsjahr 2006 2005 2004 2003

www.westermann.de

Verlagslektorat: Jürgen Diem, Ingeborg Kassner
Druck und Bindung: westermann druck GmbH, Braunschweig

ISBN 3-14-**29 1656**-3

Inhaltsverzeichnis

1 Die Menge $\mathbb{Q}_0^+$ der positiven rationalen Zahlen

Zu Seite 8

1. ---

2. a) 4 Teilflächen, 1 Teilfläche = $\frac{1}{4}$ der Gesamtfläche b) ---

3.a) Das Rechteck A ist in **2** gleich große Teile geteilt, ein halbes $\left(\frac{1}{2}\right)$ Rechteck ist orange.

b) Das Rechteck B ist in **3** gleich große Teile geteilt, ein drittel $\left(\frac{1}{3}\right)$ Rechteck ist orange.

c) Das Rechteck C ist in **4** gleich große Teile geteilt, ein viertel $\left(\frac{1}{4}\right)$ Rechteck ist orange.

d) Das Rechteck D ist in **5** gleich große Teile geteilt, ein fünftel $\left(\frac{1}{5}\right)$ Rechteck ist orange.

e) Das Rechteck E ist in **6** gleich große Teile geteilt, ein sechstel $\left(\frac{1}{6}\right)$ Rechteck ist orange.

Bruchteile

Zu Seite 9

4. a) $\frac{1}{4}$ b) $\frac{1}{8}$ c) $\frac{1}{12}$ d) $\frac{1}{3}$ e) $\frac{1}{12}$ f) $\frac{1}{8}$ g) $\frac{1}{16}$

5.

	a)	b)	c)	d)	e)	f)	g)	h)	i)	k)	l)	m)
sandfarben	$\frac{2}{3}$	$\frac{5}{10}$	$\frac{3}{4}$	$\frac{2}{5}$	$\frac{2}{4}$	$\frac{2}{4}$	$\frac{8}{16}$	$\frac{3}{7}$	$\frac{2}{9}$	$\frac{3}{12}$	$\frac{6}{24}$	$\frac{3}{8}$
weiß	$\frac{1}{3}$	$\frac{5}{10}$	$\frac{1}{4}$	$\frac{3}{5}$	$\frac{2}{4}$	$\frac{2}{4}$	$\frac{8}{16}$	$\frac{4}{7}$	$\frac{7}{9}$	$\frac{9}{12}$	$\frac{18}{24}$	$\frac{5}{8}$

6. a) $\frac{14}{21}$ b) $\frac{8}{15}$ c) $\frac{4}{6}$ d) $\frac{1}{4}$ e) $\frac{1}{8}$

7.

	a)	b)	c)	d)	e)
grün	$\frac{1}{5}$	$\frac{1}{4}$	$\frac{5}{10}$	$\frac{3}{12}$	$\frac{2}{10}$
gelb	$\frac{1}{5}$	$\frac{1}{4}$	$\frac{1}{10}$	$\frac{4}{12}$	$\frac{3}{10}$
orange	$\frac{0}{5}$	$\frac{1}{4}$	$\frac{2}{10}$	$\frac{1}{12}$	$\frac{3}{10}$
rot	$\frac{3}{5}$	$\frac{1}{4}$	$\frac{2}{10}$	$\frac{4}{12}$	$\frac{2}{10}$

8. --- 9. ---

Zu Seite 10

10. a) 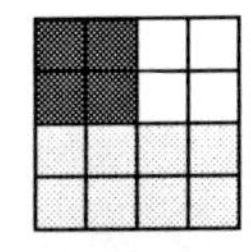 b) 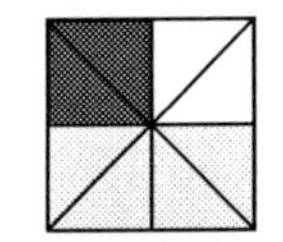 c) 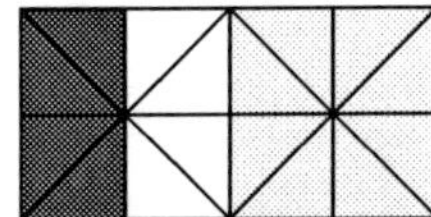 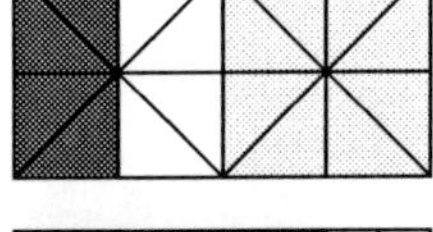

11. A   B 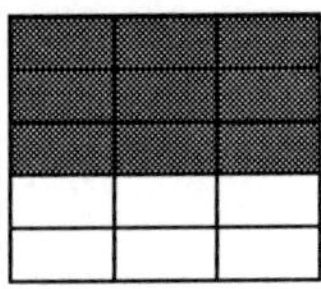 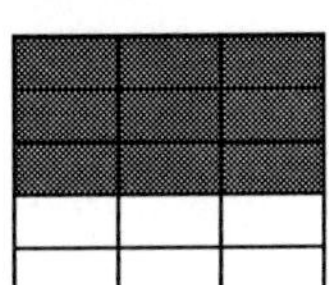 C 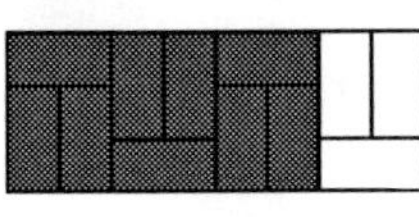

12. a) 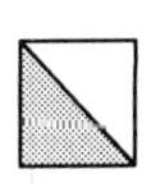 b) 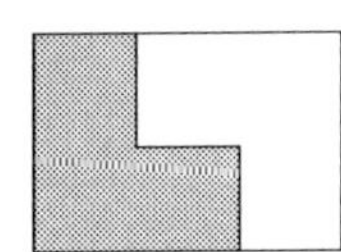 c) 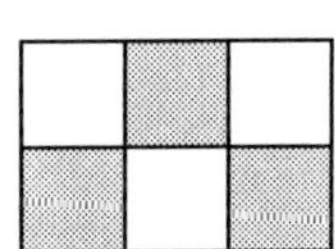

d) 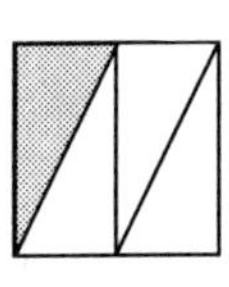 e) 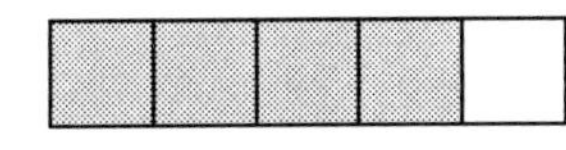 f) 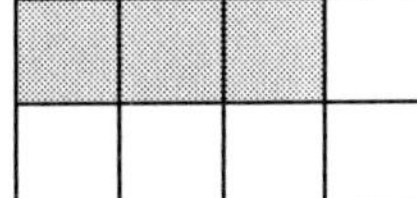

g) 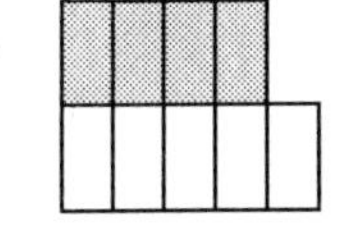 h) 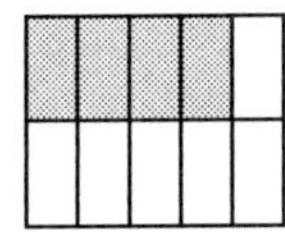

13.a) A:= $\frac{1}{16}$; B:= $\frac{1}{16}$; C:= $\frac{1}{8}$; D:= $\frac{1}{2}$; E:= $\frac{1}{4}$

b) A:= $\frac{1}{8}$; B:= $\frac{1}{8}$; C:= $\frac{1}{8}$; D:= $\frac{1}{4}$; E:= $\frac{3}{16}$; F:= $\frac{1}{16}$; G:= $\frac{1}{8}$

c) A:= $\frac{1}{16}$; B:= $\frac{1}{16}$; C:= $\frac{1}{8}$; D:= $\frac{1}{2}$; E:= $\frac{1}{4}$

Bruchteile von Größen

Zu Seite 11

1. a) Jeder bekommt $\frac{3}{4}$ Pizza. b) Jeder bekommt $\frac{2}{3}$ Pizza. c) Jeder bekommt $\frac{5}{6}$ Pizza.

2. a) $\frac{2}{3}$ b) $\frac{3}{4}$ c) $\frac{4}{5}$ d) $\frac{5}{7}$ e) $\frac{9}{10}$ f) $\frac{75}{100}$

3. a) 3:4 b) 7:8 c) 7:9 d) 5:7 e) 25:26 f) 11:100

4. Lösungswort: B R U C H P R O F I

Zu Seite 12

1.a) Der Leuchtturm ragt **30 m** aus dem Wasser.
b) Er steckt **10 m** im Meeresboden.
c) Die Wassertiefe beträgt **20 m.**

2. a) 20 cm, 40 cm, 60 cm b) 140 EUR, 30 kg, 50 km c) 45 m, 30 l, 30 min d) 1 200 t, 160 m, 450 g

3. a) 12 m, 44 g, 55 ml b) 24 m, 100 kg, 150 ha c) 10 m, 9 l, 48 EUR d) 36 m, 25 min, 24 h

4. a) 100 m, 148 g, 136 hl b) 147 km, 372 g, 108 m^2 c) 77 m, 267 g, 136 ha d) 15 mm, 2 000 t, 4 200 l

---

Zu Seite 13

5. 20 m vom Eisberg ragen aus dem Wasser ,120 m sind unter Wasser.

6. Igel: 14 Jahre, Schwan: 30 Jahre, Guppy: 5 Jahre, Goldhamster: 4 Jahre, Klapperschlange: 20 Jahre, Vogelspinne: 15 Jahre, Uhu: 70 Jahre, Goldfisch: 40 Jahre, Regenwurm: 10 Jahre

7. *Wegstrecke in 1 Sek.:* Brieftaube: 18 m Pferd: 10 m Finnwal: 5 m Mensch: 9 m

8.

Apfel	Anteil an	
	Wasser	Fruchtzucker
120 g	90 g	30 g
180 g	135 g	45 g
240 g	180 g	60 g

9. *Täglich verbraucht ein Bundesbürger an Wasser für*
Körperpflege: 10 l, Trinken und Kochen: 5 l, Toilettenspülung: 40 l, Wohnungsreinigung: 5 l, Baden und Duschen: 30 l, Geschirrreinigung: 10 l, Wäsche waschen: 30 l, Garten und Auto: 10 l

10. a) $\frac{1}{2}$ h = 30 min b) $\frac{1}{4}$ kg = 250 g c) $\frac{1}{8}$ l = 125 ml

11. a) $\frac{1}{2}$ kg = 500 g, $\frac{1}{4}$ m = 25 cm, $\frac{1}{5}$ t = 200 kg
b) $\frac{1}{3}$ h = 20 min, $\frac{1}{4}$ min = 15 s, $\frac{1}{10}$ g = 100 mg
c) $\frac{3}{8}$ t = 375 kg, $\frac{2}{5}$ kg = 400 g, $\frac{3}{4}$ h = 45 min
d) $\frac{1}{2}$ t = 500 kg, $\frac{1}{4}$ h = 15 min, $\frac{3}{5}$ m = 60 cm

---

Das Ganze bestimmen

Zu Seite 14

1. Gesamte Fahrstrecke: 30 km — Sie müssen noch 6 km fahren

2. a) $\frac{2}{3}$ von **9 km** sind 6 km — b) $\frac{4}{5}$ von **100 g** sind 80 g
   c) $\frac{3}{4}$ von **36 EUR** sind 27 EUR — d) $\frac{5}{9}$ von **99 l** sind 55 l

3. a) 80 km; 300 km; 180 km — b) 200 EUR; 300 EUR; 350 EUR — c) 33 l; 165 l; 144 l

4. a) 3 600 g — b) ---

5. 510 Mio km^2 — 357 Mio km^2 Wasser

6. a) 2 850 km ist die Donau lang. — b) Länge des Rheins: 1 320 km; Länge der Elbe: 1 165 km — c) ---

---

Gemischte Zahlen

Zu Seite 15

1.a) In 12 gleich große Stücke
b) Es bleiben mehr als zwei ganze Torten übrig.
c) 27

2. a) $3\frac{2}{5} = \frac{17}{5}$ — b) $1\frac{3}{4} = \frac{7}{4}$ — c) $2\frac{1}{3} = \frac{7}{3}$

3. a) $2\frac{1}{2}$; 2 — b) $2\frac{1}{4}$; 3 — c) 4; $4\frac{3}{8}$ — d) $1\frac{3}{10}$; $4\frac{2}{3}$ — e) $2\frac{5}{12}$; $2\frac{3}{11}$ — f) $1\frac{1}{3}$; $2\frac{4}{5}$

   g) $3\frac{1}{8}$; 3 — h) $2\frac{8}{11}$; $7\frac{1}{7}$ — i) $8\frac{1}{8}$; 22 — k) $4\frac{2}{3}$; 8 — l) $2\frac{3}{20}$; $4\frac{4}{15}$

4. a) $\frac{7}{4}$; $\frac{5}{3}$; $\frac{9}{5}$ — b) $\frac{8}{3}$; $\frac{11}{4}$; $\frac{19}{5}$ — c) $\frac{16}{5}$; $\frac{9}{2}$; $\frac{14}{3}$ — d) $\frac{22}{5}$; $\frac{16}{3}$; $\frac{32}{5}$ — e) $\frac{31}{6}$; $\frac{41}{6}$; $\frac{81}{10}$ — f) $\frac{53}{5}$; $\frac{58}{5}$; $\frac{83}{10}$

   g) $\frac{49}{6}$; $\frac{21}{2}$; $\frac{31}{3}$ — h) $\frac{91}{9}$; $\frac{41}{4}$; $\frac{81}{4}$ — i) $\frac{27}{4}$; $\frac{44}{5}$; $\frac{53}{5}$ — k) $\frac{62}{5}$; $\frac{153}{10}$; $\frac{157}{10}$ — l) $\frac{41}{2}$; $\frac{61}{3}$; $\frac{152}{5}$

Erweitern und Kürzen

Zu Seite 16

1. a) $\frac{1}{2} = \frac{2}{4}$ b) $\frac{1}{4} = \frac{2}{8}$ c) $\frac{1}{3} = \frac{2}{6}$ d) $\frac{1}{2} = \frac{4}{8} = \frac{8}{16}$ e) $\frac{1}{4} = \frac{4}{16} = \frac{8}{32}$

2. A B C D

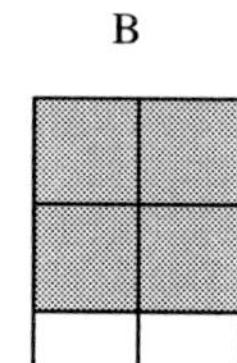

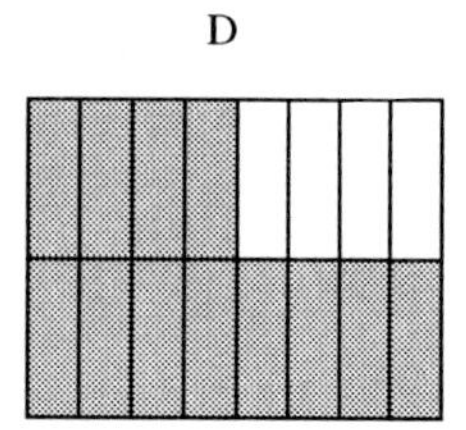

A: $\frac{1}{2} = \frac{2}{4}$ B: $\frac{2}{3} = \frac{4}{6}$ C: $\frac{1}{6} = \frac{3}{18}$ D: $\frac{3}{4} = \frac{12}{16}$

3. A: $\frac{2}{8} = \frac{1}{4}$ B: $\frac{4}{6} = \frac{2}{3}$ C: $\frac{2}{4} = \frac{1}{2}$ D: $\frac{4}{16} = \frac{2}{8}$

4.

	gefärbt	*ungefärbt*
a)	$\frac{4}{16} = \frac{2}{8} = \frac{1}{4}$	$\frac{12}{16} = \frac{6}{8} = \frac{3}{4}$
b)	$\frac{4}{8} = \frac{2}{4} = \frac{1}{2}$	$\frac{4}{8} = \frac{2}{4} = \frac{1}{2}$
c)	$\frac{4}{16} = \frac{2}{8} = \frac{1}{4}$	$\frac{12}{16} = \frac{6}{8} = \frac{3}{4}$
d)	$\frac{4}{12} = \frac{2}{6} = \frac{1}{3}$	$\frac{8}{12} = \frac{4}{6} = \frac{2}{3}$
e)	$\frac{4}{8} = \frac{2}{4} = \frac{1}{2}$	$\frac{4}{8} = \frac{2}{4} = \frac{1}{2}$
f)	$\frac{8}{16} = \frac{4}{8} = \frac{2}{4} = \frac{1}{2}$	$\frac{8}{16} = \frac{4}{8} = \frac{2}{4} = \frac{1}{2}$
g)	$\frac{2}{6} = \frac{1}{3}$	$\frac{4}{6} = \frac{2}{3}$
h)	$\frac{8}{12} = \frac{4}{6} = \frac{2}{3}$	$\frac{4}{12} = \frac{2}{6} = \frac{1}{3}$

Zu Seite 17

5.

	erweitert mit	$\frac{2}{5}$	$\frac{1}{4}$	$\frac{3}{7}$	$\frac{4}{9}$	$\frac{4}{10}$	$\frac{5}{11}$	$\frac{6}{13}$	$\frac{7}{15}$	$\frac{8}{17}$
a)	5	$\frac{10}{25}$	$\frac{5}{20}$	$\frac{15}{35}$	$\frac{20}{45}$	$\frac{20}{50}$	$\frac{25}{55}$	$\frac{30}{65}$	$\frac{35}{75}$	$\frac{40}{85}$
b)	7	$\frac{14}{35}$	$\frac{7}{28}$	$\frac{21}{49}$	$\frac{28}{63}$	$\frac{28}{70}$	$\frac{35}{77}$	$\frac{42}{91}$	$\frac{49}{105}$	$\frac{56}{119}$
c)	9	$\frac{18}{45}$	$\frac{9}{36}$	$\frac{27}{63}$	$\frac{36}{81}$	$\frac{36}{90}$	$\frac{45}{99}$	$\frac{54}{117}$	$\frac{63}{135}$	$\frac{72}{153}$
d)	11	$\frac{22}{55}$	$\frac{11}{44}$	$\frac{33}{77}$	$\frac{44}{99}$	$\frac{44}{110}$	$\frac{55}{121}$	$\frac{66}{143}$	$\frac{77}{165}$	$\frac{88}{187}$

6. a) mit 5 b) mit 6 c) mit 7 d) mit 6 e) mit 7 f) mit 8 g) mit 12

7. a) 25 b) 80 c) 160 d) 18 e) 36 f) 25 g) 188 h) 105
i) 60 k) 60 l) 72 m) 102

8. a) 4; 8; 16; 32 b) 12; 60; 120; 480 c) 3; 9; 18; 90
d) 15; 30; 90; 360 e) 9; 18; 72; 360 f) 16; 48; 96; 288

9.

	gekürzt durch	$\frac{6}{12}$	$\frac{6}{18}$	$\frac{12}{30}$	$\frac{18}{24}$	$\frac{30}{42}$	$\frac{36}{48}$	$\frac{48}{54}$	$\frac{42}{72}$	$\frac{60}{96}$	$\frac{54}{120}$
a)	2	$\frac{3}{6}$	$\frac{3}{9}$	$\frac{6}{15}$	$\frac{9}{12}$	$\frac{15}{21}$	$\frac{18}{24}$	$\frac{24}{27}$	$\frac{21}{36}$	$\frac{30}{48}$	$\frac{27}{60}$
b)	3	$\frac{2}{4}$	$\frac{2}{6}$	$\frac{4}{10}$	$\frac{6}{8}$	$\frac{10}{14}$	$\frac{12}{16}$	$\frac{16}{18}$	$\frac{14}{24}$	$\frac{20}{32}$	$\frac{18}{40}$
c)	6	$\frac{1}{2}$	$\frac{1}{3}$	$\frac{2}{5}$	$\frac{3}{4}$	$\frac{5}{7}$	$\frac{6}{8}$	$\frac{8}{9}$	$\frac{7}{12}$	$\frac{10}{16}$	$\frac{9}{20}$

10. a) durch 9 b) durch 10 c) durch 12 d) durch 8
e) durch 7 f) durch 3 g) durch 15

11. a) 3 b) 10 c) 12 d) 16 e) 2 f) 24 g) 4 h) 3
i) 2 k) 4 l) 3 m) 57

12. B

Zu Seite 18

13. 10; 4 40 20; 2

14. a) $\frac{2}{3}$ $\frac{2}{3}$ $\frac{3}{4}$ $\frac{4}{5}$ $\frac{3}{5}$ $\frac{3}{8}$ b) $\frac{3}{5}$ $\frac{2}{3}$ $\frac{6}{7}$ $\frac{8}{9}$ $\frac{8}{9}$ $\frac{3}{4}$ c) $\frac{9}{10}$ $\frac{7}{8}$ $\frac{5}{6}$ $\frac{5}{12}$ $\frac{4}{9}$ $\frac{7}{8}$

d) $\frac{4}{5}$ $\frac{4}{9}$ $\frac{2}{7}$ $\frac{3}{11}$ $\frac{5}{6}$ $\frac{4}{5}$ e) $\frac{5}{6}$ $\frac{2}{15}$ $\frac{2}{3}$ $\frac{6}{11}$ $\frac{4}{11}$ $\frac{5}{12}$ f) $\frac{5}{13}$ $\frac{5}{6}$ $\frac{3}{25}$ $\frac{7}{9}$ $\frac{3}{10}$ $\frac{4}{9}$

15. a) $\frac{36}{72}, \frac{48}{72}, \frac{45}{72}, \frac{42}{72}, \frac{54}{72}$ b) $\frac{24}{60}, \frac{50}{60}, \frac{54}{60}, \frac{35}{60}, \frac{9}{60}, \frac{18}{60}$ c) $\frac{40}{56}, \frac{42}{56}, \frac{49}{56}, \frac{44}{56}, \frac{54}{56}$

d) $\frac{72}{96}, \frac{80}{96}, \frac{84}{96}, \frac{30}{96}, \frac{27}{96}, \frac{20}{96}$

16. a) 32 25 b) 15 40 c) 85 8 d) 5 15 e) 108 99 f) 22 90

17. a) $\frac{1}{2}$ b) $\frac{1}{2}$ c) $\frac{1}{3}$ d) $\frac{2}{3}$ e) $\frac{2}{7}$ f) $\frac{7}{9}$ g) $\frac{11}{13}$ h) $\frac{4}{5}$

$\frac{2}{5}$ $\frac{1}{3}$ $\frac{7}{36}$ $\frac{3}{5}$ $\frac{1}{2}$ $\frac{1}{8}$ $\frac{3}{8}$ $\frac{7}{100}$

18. a) $\frac{7}{36}; \frac{11}{36}; \frac{13}{36}$ b) $\frac{3}{36}; \frac{15}{36}; \frac{21}{36}$

19. S P I E L E

„Kn" 24 Dreiecke

Anordnung der positiven rationalen Zahlen

Zu Seite 19

1.

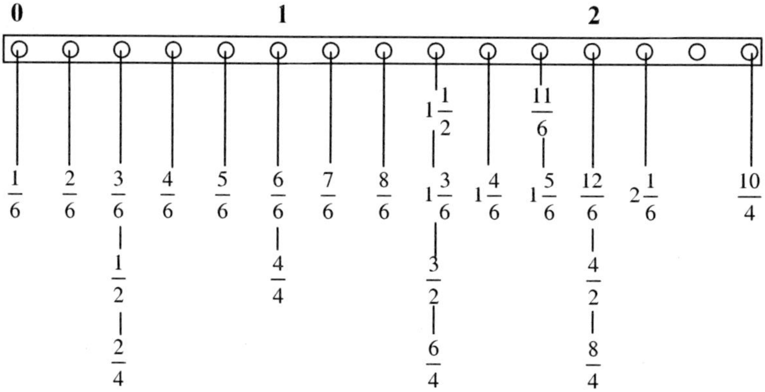

0 1 2

$\frac{1}{6}$; $\frac{2}{6}$; $\frac{3}{6}$ – $\frac{1}{2}$ – $\frac{2}{4}$; $\frac{4}{6}$; $\frac{5}{6}$; $\frac{6}{6}$ – $\frac{4}{4}$; $\frac{7}{6}$; $\frac{8}{6}$; $1\frac{1}{2}$ – $1\frac{3}{6}$ – $\frac{3}{2}$ – $\frac{6}{4}$; $1\frac{4}{6}$; $\frac{11}{6}$ – $1\frac{5}{6}$; $\frac{12}{6}$ – $\frac{4}{2}$ – $\frac{8}{4}$; $2\frac{1}{6}$; $\frac{10}{4}$

2. a) A:= $\frac{1}{5}$; B:= $\frac{3}{5}$; C:= $\frac{5}{5}$; D:= $\frac{6}{5}$ b) A:= $\frac{3}{10}$; B:= $\frac{1}{2}$; C:= $\frac{3}{5}$; D:= $\frac{4}{5}$

3.

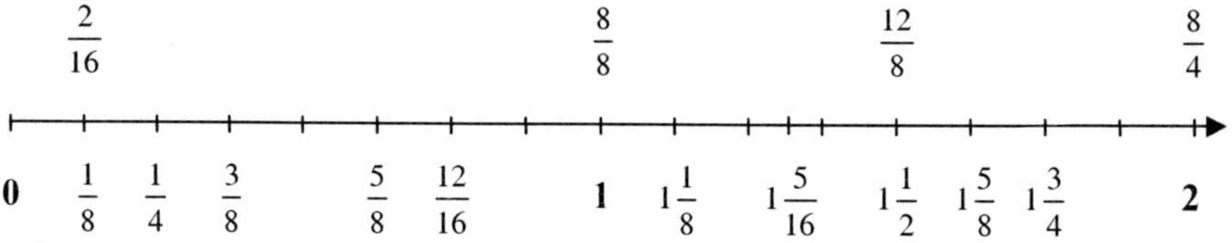

$\frac{2}{16}$ $\frac{8}{8}$ $\frac{12}{8}$ $\frac{8}{4}$

0 $\frac{1}{8}$ $\frac{1}{4}$ $\frac{3}{8}$ $\frac{5}{8}$ $\frac{12}{16}$ 1 $1\frac{1}{8}$ $1\frac{5}{16}$ $1\frac{1}{2}$ $1\frac{5}{8}$ $1\frac{3}{4}$ 2

4. $A:=\frac{1}{4}$; $B:=\frac{1}{2}$; $C:=\frac{3}{4}$; $D:=1\frac{1}{4}$; $E:=1\frac{3}{4}$; $F:=2\frac{1}{2}$; $G:=\frac{11}{4}$; $H:=3\frac{1}{4}$; $\frac{13}{4}$; $I:=4\frac{1}{4}$

$K:=5\frac{2}{4}$; $\frac{22}{4}$; $L:=6\frac{1}{4}$; $\frac{25}{4}$

Vergleichen positiver rationaler Zahlen

Zu Seite 20

1. a) Daniel:= $\frac{3}{4}$ b) ---

2. a) $\frac{5}{7}>\frac{4}{7}$ b) $\frac{1}{3}<\frac{3}{6}$ c) $\frac{5}{6}>\frac{2}{3}$ d) $\frac{3}{10}<\frac{2}{5}$ e) $\frac{2}{3}>\frac{1}{4}$ f) $\frac{2}{5}<\frac{3}{7}$ g) $\frac{1}{6}=\frac{7}{42}$

$\frac{13}{15}<\frac{14}{15}$ $\frac{2}{5}=\frac{4}{10}$ $\frac{3}{4}>\frac{5}{8}$ $\frac{5}{6}<\frac{11}{12}$ $\frac{1}{2}<\frac{3}{5}$ $\frac{4}{9}<\frac{5}{8}$ $\frac{16}{36}>\frac{3}{9}$

3. a) $\frac{3}{5}>\frac{4}{7}$ b) $\frac{2}{7}<\frac{3}{8}$ c) $\frac{6}{14}>\frac{8}{28}$ d) $\frac{11}{12}>\frac{7}{8}$ e) $\frac{36}{81}=\frac{4}{9}$ f) $\frac{20}{55}<\frac{5}{11}$ g) $\frac{36}{48}=\frac{12}{16}$

$\frac{14}{21}=\frac{2}{3}$ $\frac{7}{12}<\frac{5}{6}$ $\frac{15}{27}<\frac{6}{9}$ $\frac{4}{11}>\frac{9}{33}$ $\frac{7}{15}>\frac{3}{8}$ $\frac{5}{12}<\frac{4}{9}$ $\frac{3}{4}<\frac{10}{13}$

4 a) $\frac{1}{3}>\frac{1}{8}$ b) $\frac{3}{5}>\frac{3}{9}$ c) $\frac{7}{8}>\frac{7}{10}$

5. a) $\frac{9}{750}<\frac{9}{100}<\frac{9}{43}<\frac{9}{42}<\frac{9}{15}<\frac{9}{2}$ b) $\frac{4}{1000}<\frac{4}{200}<\frac{4}{150}<\frac{4}{17}<\frac{4}{3}<\frac{4}{1}$

Anteile bestimmen und vergleichen

Zu Seite 21

1. Christian ist der bessere Werfer, denn $\frac{6}{8}>\frac{7}{10}$.

2. Elisa hat sich am stärksten gesteigert, nämlich von 24 m auf 30 m um $\frac{1}{4}$.

3. Bei B, weil 1 von 3 ≙ $\frac{1}{3}$ den größten Wert darstellt.

4.a) Dirk spart den größeren Bruchteil, denn $\frac{6}{15}>\frac{4}{12}$.

b) Das Taschengeld müsste um 2 EUR erhöht werden.

5. a) $\frac{1}{4}$ b) $\frac{1}{3}$

Vermischte Übungen

Zu Seite 22

1.

	a)	b)	c)	d)
rot	$\frac{2}{5}$	$\frac{5}{12}$	$\frac{5}{6}$	$\frac{5}{8}$
blau	$\frac{3}{5}$	$\frac{7}{12}$	$\frac{1}{6}$	$\frac{3}{8}$

2. a) $\frac{1}{2}$ b) $\frac{1}{4}$ c) $\frac{1}{16}$ d) $\frac{1}{8}$

3.

a)	b)	c)	d)	e)	f)
12	45	160	60	39	144
121	96	81	96	60	63

Lösungswort: **M O U N T A I N B I K E**

4. a) x = 2 b) x = 9 c) x = 55 d) x = 1 e) x = 8 f) x = 27

5. a) $\frac{3}{4}; \frac{5}{6}; \frac{1}{4}$ b) $\frac{1}{3}; \frac{3}{4}; \frac{9}{10}$ c) $\frac{5}{12}; \frac{2}{15}; \frac{2}{3}$ d) $\frac{2}{3}; \frac{3}{5}; \frac{1}{6}$

Lösungswort: **S C H L I T T S C H U H**

Zu Seite 23

6. a) $\frac{1}{2}<\frac{3}{4}<\frac{7}{8}$ b) $\frac{2}{3}<\frac{3}{4}<\frac{5}{6}$ c) $\frac{15}{32}<\frac{9}{16}<\frac{5}{8}<\frac{3}{4}$ d) $\frac{1}{5}<\frac{57}{100}<\frac{7}{10}$ e) $\frac{7}{18}<\frac{5}{9}<\frac{21}{36}<\frac{2}{3}$

7.a) A:= $\frac{1}{8}$; B:= $\frac{1}{2}$; C:= $\frac{7}{8}$; D:= $1\frac{1}{4}$; E:= $1\frac{3}{4}$; F:= $2\frac{1}{8}$

b) G:= $3\frac{3}{4}$; H:= $4\frac{1}{8}$; I:= $4\frac{1}{2}$

c) J:= $7\frac{1}{3}$; K:= $7\frac{2}{3}$; L:= $8\frac{1}{6}$

8.a)

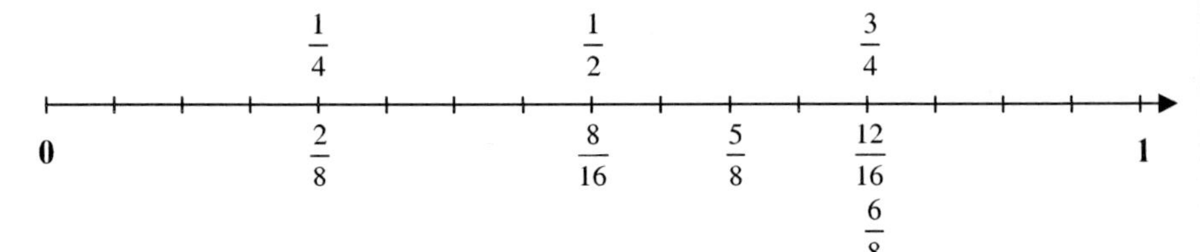

b) $\frac{3}{4} = \frac{6}{8} = \frac{12}{16}$; $\frac{2}{8} = \frac{1}{4}$; $\frac{1}{2} = \frac{8}{16}$

9. a) $L = \{3\}$ b) $L = \{3; 6; 9; 12; 15\}$ c) $L = G$ d) $L = \{3\}$
e) $L = \{3\}$ f) $L = \{3\}$ g) $L = \{3; 6; 9; \ldots 21\}$ h) $L = \{6; 9; 12; \ldots\}$

10. a) $\frac{2}{3} < \frac{3}{4}$ b) $\frac{7}{8} > \frac{5}{6}$ c) $\frac{3}{9} < \frac{3}{5}$ d) $\frac{5}{14} > \frac{2}{7}$ e) $\frac{5}{6} < \frac{17}{18}$ f) $\frac{24}{36} > \frac{7}{12}$

$\frac{3}{4} < \frac{5}{6}$ $\frac{2}{3} > \frac{3}{8}$ $\frac{2}{3} < \frac{7}{10}$ $\frac{4}{5} > \frac{7}{10}$ $\frac{17}{20} > \frac{4}{5}$ $\frac{11}{12} > \frac{4}{5}$

11. Aus der 1. Gruppe beteiligen sich 30 Schüler mehr an der Exkursion als aus der 2. Gruppe.

„Kn“ Achmed muss 2 Freunde mitnehmen, der erste geht nach dem ersten Tag zurück, der zweite nach dem zweiten Tag.

2 Addieren und Subtrahieren

Zu Seite 24

1. $\frac{3}{12} = \frac{1}{4}$

2. a) 7 b) 9 c) 2 d) 2

3. a) $\frac{3}{6}+\frac{2}{6}=\frac{5}{6}$ b) $\frac{5}{10}+\frac{2}{10}=\frac{7}{10}$ c) $\frac{7}{12}+\frac{4}{12}=\frac{11}{12}$ d) $\frac{14}{24}+\frac{6}{24}=\frac{20}{24}$ e) $\frac{9}{16}+\frac{4}{16}=\frac{13}{16}$

4. a) $\frac{5}{6}-\frac{1}{6}=\frac{4}{6}$ b) $\frac{5}{7}-\frac{1}{7}=\frac{4}{7}$ c) $\frac{15}{16}-\frac{4}{16}=\frac{11}{16}$ d) $\frac{7}{9}-\frac{3}{9}=\frac{4}{9}$

5. a)  b) c) 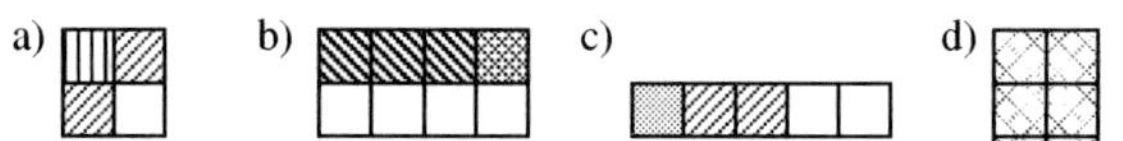 d) 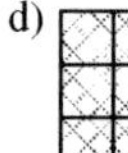 e) 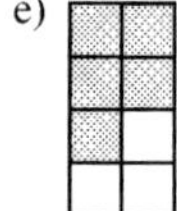 f) 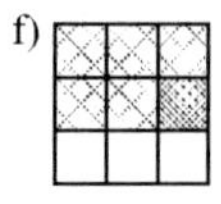

Gleichnamige Brüche addieren und subtrahieren

Zu Seite 25

6. a) $\frac{3}{5}$; $\frac{7}{8}$ b) $\frac{9}{10}$; $\frac{11}{12}$ c) $\frac{9}{11}$; $\frac{17}{20}$ d) $\frac{5}{8}$; $\frac{1}{6}$ e) $\frac{7}{12}$; $\frac{3}{10}$ f) $\frac{4}{9}$; $\frac{2}{13}$

7. a) $\frac{5}{37} + \frac{5}{37} = \frac{10}{37}$ b) $\frac{3}{29} + \frac{14}{29} = \frac{17}{29}$ c) $\frac{4}{17} + \frac{4}{17} = \frac{8}{17}$

   $\frac{9}{23} + \frac{8}{23} = \frac{17}{23}$ $\frac{8}{13} + \frac{3}{13} = \frac{11}{13}$ $\frac{1}{3} + \frac{1}{3} = \frac{2}{3}$; $\frac{5}{3} + \frac{1}{3} = \frac{2}{1}$

   d) $\frac{11}{41} + \frac{8}{41} = \frac{19}{41}$ e) $\frac{3}{19} + \frac{7}{19} = \frac{10}{19}$; $\frac{3}{38} + \frac{7}{38} = \frac{5}{19}$

   $\frac{1}{7} + \frac{1}{7} = \frac{2}{7}$; $\frac{7}{7} + \frac{7}{7} = \frac{2}{1}$ $\frac{14}{31} + \frac{3}{31} = \frac{17}{31}$

8. a) $\frac{3}{7}$; $\frac{2}{7}$ b) $\frac{5}{7}$; $\frac{1}{7}$ c) $\frac{5}{9}$; $\frac{8}{9}$ d) $\frac{8}{9}$; $\frac{8}{9}$ e) $\frac{10}{11}$; $\frac{2}{11}$

9. a) $\frac{5}{6}$; 1 b) 0 ; $\frac{22}{35}$ c) $\frac{2}{3}$; $\frac{4}{45}$ d) 1; $\frac{2}{11}$

10. a) $\frac{3}{4}$ b) $\frac{1}{6}$ c) $\frac{1}{3}$ d) $\frac{3}{10}$ e) $\frac{49}{80}$ f) $\frac{53}{100}$

11. a) $4\frac{4}{9}$; $6\frac{1}{3}$ b) $9\frac{3}{4}$; $7\frac{4}{7}$ c) $8\frac{3}{8}$; $12\frac{2}{9}$ d) $4\frac{3}{10}$; $10\frac{7}{25}$ e) $5\frac{17}{20}$; $3\frac{1}{4}$ f) $2\frac{1}{2}$; $8\frac{3}{4}$

12. a) $1 - \frac{3}{7} = \frac{4}{7}$; $\frac{4}{7} - \frac{3}{7} = \frac{1}{7}$ b) $2 - 1\frac{1}{6} = \frac{5}{6}$; $2 - \frac{1}{3} = \frac{5}{3}$ c) $3\frac{7}{9} - 1\frac{8}{9} = 1\frac{8}{9}$; $3\frac{7}{9} - 2\frac{3}{9} = 1\frac{8}{18}$

13. a) $\frac{1}{4}$ b) 24 km

14. $\frac{2}{5}$ km

Ungleichnamige Brüche addieren und subtrahieren

Zu Seite 26

1. $\frac{1}{2} + \frac{1}{4} = \frac{2}{4} + \frac{1}{4} = \frac{3}{4}$

2. a) $\frac{5}{6}$ b) $\frac{5}{8}$

3. a) 5 b) 4 c) 5 d) 3 e) 5 f) 5

Zu Seite 27

4. a) $\frac{3}{10}$; $\frac{7}{10}$ b) $\frac{7}{15}$; $\frac{7}{9}$ c) $\frac{19}{20}$; $\frac{7}{8}$ d) $\frac{19}{30}$; $\frac{13}{40}$ e) $\frac{9}{14}$; $\frac{17}{36}$ f) $\frac{7}{15}$; $\frac{7}{12}$

   g) $\frac{5}{8}$; $\frac{3}{10}$ h) $\frac{7}{12}$; $\frac{5}{12}$ i) $\frac{7}{12}$; $\frac{11}{18}$ k) $\frac{5}{14}$; $\frac{7}{20}$ l) $\frac{3}{34}$; $\frac{17}{36}$ m) $\frac{23}{30}$; $\frac{7}{40}$

5. a) $\frac{11}{12}$; $\frac{17}{20}$ b) $\frac{9}{10}$; $\frac{14}{15}$ c) $\frac{9}{40}$; $\frac{13}{36}$ d) $\frac{19}{30}$; $\frac{5}{24}$ e) $\frac{11}{36}$; $\frac{1}{20}$ f) $\frac{5}{28}$; $\frac{17}{90}$

6. a) $1\frac{1}{4}$ Liter orange Farbe b) $\frac{1}{2}$ Liter orange Farbe ≙ $\frac{2}{5}$ vom Ganzen bleiben übrig.

7. $\frac{16}{25}$

8. a) $1\frac{1}{12}$; $\frac{2}{9}$; $\frac{13}{15}$ b) $1\frac{11}{140}$; $\frac{17}{36}$; $\frac{1}{8}$ c) $1\frac{26}{45}$; 0; 1 d) $\frac{3}{14}$; $\frac{1}{21}$; 1

Zu Seite 28

9. $\frac{7}{30}$

10.a) Kopfrechnen: $\frac{9}{20}$ Bruchrechnen: $\frac{7}{20}$ Geometrie: $\frac{71}{100}$

b) ---

11. a) $1\frac{19}{30}; 1\frac{7}{24}$ b) $1\frac{17}{90}; 1\frac{7}{12}$ c) $1\frac{1}{60}; 1\frac{7}{30}$ d) $2\frac{11}{20}; 1\frac{5}{24}$ e) $6\frac{5}{6}; 1\frac{5}{44}$ f) $1\frac{23}{30}; 2\frac{27}{50}$

12. a) S – E – A – N ; **NASE** b) I – A – M – S ; **MAIS**

13.

a)

$\frac{4}{15}$	$\frac{2}{5}$	$\frac{1}{3}$
$\frac{2}{5}$	$\frac{1}{3}$	$\frac{4}{15}$
$\frac{1}{3}$	$\frac{4}{15}$	$\frac{2}{5}$

b)

$\frac{5}{9}$	$\frac{1}{9}$	$\frac{1}{3}$
$\frac{1}{9}$	$\frac{1}{3}$	$\frac{5}{9}$
$\frac{1}{3}$	$\frac{5}{9}$	$\frac{1}{9}$

c)

$\frac{8}{15}$	$\frac{1}{5}$	$\frac{4}{15}$
$\frac{1}{15}$	$\frac{1}{3}$	$\frac{3}{5}$
$\frac{2}{5}$	$\frac{7}{15}$	$\frac{2}{15}$

Gemischte Zahlen addieren und subtrahieren

Zu Seite 29

1. a) $2\frac{3}{4}; 8\frac{1}{8}; 7\frac{5}{6}$ b) $1\frac{3}{4}; 3\frac{5}{8}; 6\frac{11}{15}$ c) $1\frac{6}{7}; 3; 6\frac{9}{10}$ d) $5\frac{1}{2}; 7\frac{1}{2}; 2\frac{1}{3}$ e) $4\frac{2}{3}; 10; 8\frac{1}{2}$

2. $\frac{23}{24}$ Liter Himbeersaft

3. $1\frac{7}{8}$ Liter Farbe

4. a) $5\frac{5}{8}; 6\frac{8}{9}$ b) $9\frac{5}{6}; 13\frac{19}{26}$ c) $9\frac{7}{8}; 4\frac{19}{20}$ d) $12\frac{29}{35}; 3\frac{25}{36}$ e) $12\frac{17}{18}; 4\frac{23}{30}$

5. a) $1\frac{1}{4}; 3\frac{1}{2}$ b) $2\frac{1}{3}; 4\frac{1}{6}$ c) $4\frac{1}{8}; 3\frac{1}{15}$ d) $2\frac{1}{8}; 2\frac{2}{9}$ e) $12\frac{1}{4}; 33\frac{9}{16}$

6. a) $(1\frac{1}{4} + 2\frac{5}{12}) + \frac{1}{6} = 3\frac{5}{6}$ b) $(1\frac{4}{15} + 2\frac{1}{10}) - \frac{1}{6} = 3\frac{1}{5}$

c) $(7\frac{1}{2} - 3\frac{2}{5}) + 4\frac{3}{10} = 8\frac{2}{5}$ d) $1\frac{1}{5} + 2\frac{2}{5} + x = 8\frac{3}{4}; x = 5\frac{3}{20}$

7. $1\frac{5}{6} + 1\frac{3}{4} = \mathbf{3\frac{7}{12}}$ $\mathbf{3\frac{7}{12}} - 1\frac{1}{4} = \mathbf{2\frac{1}{3}}$ $\mathbf{2\frac{1}{3}} - 1\frac{1}{8} = \mathbf{1\frac{5}{24}}$ $\mathbf{1\frac{5}{24}} + 2\frac{2}{3} = \mathbf{3\frac{7}{8}}$

$\mathbf{3\frac{7}{8}} - 2\frac{1}{3} = \mathbf{1\frac{13}{24}}$ $\mathbf{1\frac{13}{24}} + 2\frac{1}{12} = \mathbf{3\frac{5}{8}}$ $\mathbf{3\frac{5}{8}} - \frac{1}{6} = \mathbf{3\frac{11}{24}}$ $\mathbf{3\frac{11}{24}} - \frac{3}{8} = \mathbf{3\frac{1}{12}}$

Vermischte Übungen

Zu Seite 30

1. $\frac{7}{12} + \frac{1}{6} = \frac{3}{4}$

2. Nein, es stimmt nicht. Die Summe muss 1 sein, sie ist aber $1\frac{1}{10}$.

3. a) $1\frac{1}{5}; 5\frac{3}{22}$ b) $2\frac{5}{11}; 1\frac{4}{7}$ c) $2\frac{4}{15}; 2\frac{3}{5}$ d) $11\frac{3}{8}; 12\frac{1}{9}$

4. P A S S A U

5. Der Vater zahlt 522 EUR, der Onkel 87 EUR, bleiben für Rainer noch 87 EUR.

6. Realschule: Anteil $\frac{3}{8}$, Hauptschule: Anteil $\frac{2}{5}$; $\frac{3}{8} < \frac{2}{5}$, also schnitt die Realschule besser ab.

„Kn“ Die Gans wiegt 4 kg.

Zu Seite 31

7. a) $12\frac{1}{20}$ b) $13\frac{2}{3}$

8. sandfarben: die Differenz ist $\frac{2}{3}$, die Summe ist 1 : $\frac{5}{6} - \frac{1}{6} = \frac{2}{3}$; $\frac{5}{6} + \frac{1}{6} = 1$;

braun: $\frac{7}{12}$, denn $\frac{7+5}{12-6} = 2$; $\frac{7-5}{12-2} = \frac{1}{5}$

blau: $\frac{7}{8}$, denn $\frac{7+9}{8} = 2$; $\frac{7-1}{8} = \frac{3}{4}$

9. a)

Verfügbare Geldmenge	1 – 19 EUR	20 – 29 EUR	30 – 49 EUR	50 – 74 EUR	über 75 EUR	kein Geld
Anteil der Befragten	$\frac{12}{25}$	$\frac{1}{5}$	$\frac{3}{25}$	$\frac{1}{10}$	$\frac{2}{25}$	$\frac{1}{50}$
Anzahl der Befragten	1 200	500	300	250	200	50

b) $\frac{7}{10}$ der Befragten verfügen über weniger als 30 EUR im Monat.

c) $\frac{9}{50}$ der Befragten verfügen über mehr als 49 EUR im Monat.

d) ---

---

3 Multiplizieren und Dividieren

Zu Seite 32

1.a) $20 \cdot \frac{1}{2}\,l = 10\,l$; $12 \cdot \frac{7}{10}\,l = 8\frac{2}{5}\,l$

b) $2 \cdot \frac{1}{3} = \frac{1}{3}+\frac{1}{3} = \frac{2}{3}$; $4 \cdot \frac{1}{5} = \frac{1}{5}+\frac{1}{5}+\frac{1}{5}+\frac{1}{5} = \frac{4}{5}$; $3 \cdot \frac{1}{7} = \frac{1}{7}+\frac{1}{7}+\frac{1}{7} = \frac{3}{7}$; .... $\frac{6}{11}$; $\frac{8}{15}$; $\frac{9}{14}$

2. a) $\frac{1}{8} \cdot 2 = \frac{2}{8}$ b) $\frac{2}{8} \cdot 3 = \frac{6}{8}$ c) $\frac{1}{4} \cdot 4 = 1$ d) $\frac{2}{9} \cdot 4 = \frac{8}{9}$ e) $\frac{1}{9} \cdot 7 = \frac{7}{9}$ f) $\frac{2}{5} \cdot 2 = \frac{4}{5}$

3. a) $\frac{3}{7}$ b) $\frac{10}{11}$ c) $\frac{5}{7}$ d) $\frac{12}{13}$ e) $\frac{6}{17}$ f) $\frac{16}{19}$

4. a) 2; $1\frac{1}{2}$ b) 8; 9 c) $\frac{3}{5}$; 12 d) 21; $2\frac{2}{3}$ e) $4\frac{4}{9}$; $2\frac{1}{4}$ f) $1\frac{1}{3}$; $2\frac{1}{3}$

„Kn" 2 Lösungen: entweder ist Herr *Weiß braun*: dann ist Herr *Schwarz weiß* und Herr *Braun* ist *schwarz*
oder Herr *Weiß* ist *schwarz*: dann ist Herr *Schwarz braun* und Herr *Braun* ist *weiß*.

Brüche mit natürlichen Zahlen multiplizieren

Zu Seite 33

5. a) 12; $2\frac{1}{4}$ b) $1\frac{1}{4}$; $3\frac{1}{2}$ c) $2\frac{2}{3}$; 6 d) 15; $1\frac{2}{3}$ e) 14; $3\frac{2}{3}$ f) $9\frac{1}{3}$; $16\frac{1}{5}$

g) 8; 6 h) $2\frac{2}{3}$; $1\frac{1}{2}$ i) 4; $1\frac{1}{2}$ k) 2; 4 l) 3; 4 m) $7\frac{1}{3}$; $2\frac{3}{7}$

6. a) $13\frac{1}{7}$; $13\frac{1}{5}$; $11\frac{7}{8}$ b) $9\frac{9}{16}$; $19\frac{1}{6}$; $25\frac{1}{3}$ c) $42\frac{1}{2}$; 93; $24\frac{1}{2}$ d) 86; 135; 180

7. a) $5 \cdot 13 = 65$ b) $6 \cdot 12 = 72$ c) $10 \cdot \frac{4}{25} = 1\frac{3}{5}$ d) $20 \cdot \frac{2}{3} = 13\frac{1}{3}$ e) $15 \cdot \frac{3}{45} = 1$ f) $9 \cdot \frac{14}{36} = 3\frac{1}{2}$

8. a) 5; 180 b) 36; 68 c) 35; 48 d) 143; 10 e) 28; 44

9. 2 Flächen sind grün.

„Kn"

Hausnummer	1	2	3	4	5
Bewohner	Doreen	Bianca	Christina	Daniel	Tina

Brüche multiplizieren

Zu Seite 34

1. $\frac{3}{8}$

2.a) $\frac{1}{6}; \frac{2}{6} = \frac{1}{3}; \frac{2}{15}; \frac{8}{15}$

b) $\frac{1}{3}$ von $\frac{1}{4}$ 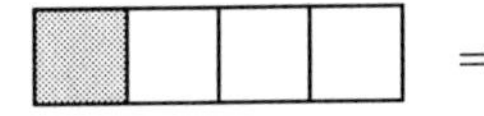 $\Rightarrow$ 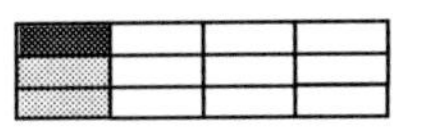 $= \frac{1}{12}$

$\frac{1}{2}$ von $\frac{3}{8}$ $\Rightarrow$ $= \frac{3}{16}$

$\frac{2}{3}$ von $\frac{2}{3}$ $\Rightarrow$ $= \frac{4}{9}$

3. a) $\frac{1}{3} \cdot \frac{5}{8} = \frac{5}{24}$ b) $\frac{1}{8} \cdot \frac{3}{5} = \frac{3}{40}$ c) $\frac{3}{4} \cdot \frac{1}{7} = \frac{3}{28}$ d) $\frac{2}{3} \cdot \frac{3}{9} = \frac{2}{9}$ e) $\frac{3}{4} \cdot \frac{5}{11} = \frac{15}{44}$ f) $\frac{3}{8} \cdot \frac{5}{7} = \frac{15}{56}$

Zu Seite 35

4. a) $\frac{12}{35}; \frac{5}{18}; \frac{15}{28}$ b) $\frac{9}{20}; \frac{10}{77}; \frac{21}{80}$ c) $\frac{3}{25}; \frac{15}{128}; \frac{8}{15}$

d) $\frac{18}{35}; \frac{5}{14}; \frac{8}{33}$ e) $\frac{24}{91}; \frac{2}{3}; \frac{5}{21}$ f) $\frac{9}{11}; \frac{4}{9}; \frac{9}{16}$

5. a) $\frac{2}{25}; \frac{1}{5}; \frac{6}{7}$ b) $\frac{2}{3}; \frac{1}{16}; 1\frac{1}{2}$ c) $1\frac{1}{7}; \frac{1}{9}; \frac{2}{3}$

d) $1; \frac{1}{6}; \frac{3}{8}$ e) $\frac{2}{9}; 1; \frac{25}{63}$ f) $\frac{1}{15}; \frac{9}{10}; \frac{3}{16}$

6. Ja, sie hat Recht.

7. a) $\frac{3}{4}; \frac{1}{4}; \frac{2}{15}$ b) $\frac{2}{15}; \frac{1}{24}; \frac{13}{64}$ c) $\frac{1}{2}; \frac{1}{14}; \frac{2}{5}$

8. a) $\frac{1}{32}; \frac{81}{256}; \frac{64}{125}$ b) $\frac{4}{49}; \frac{4}{45}; 1$ c) $\frac{1}{81}; \frac{1}{32}; \frac{8}{125}$

Aus dem Schulleben

Zu Seite 36

1. Bus: 160 Schülerinnen und Schüler
   Pkw: 20 Schülerinnen und Schüler
   zu Fuß: 180 Schülerinnen und Schüler $\mathrel{\widehat{=}} \frac{3}{8}$
   Fahrrad: 120 Schülerinnen und Schüler

2. 21 Zeitstunden

3. Note 1: 3 Schülerinnen und Schüler
   Note 2: 6 Schülerinnen und Schüler
   Note 3: 10 Schülerinnen und Schüler
   Note 4: 10 Schülerinnen und Schüler
   Note 5: 1 Schülerin oder Schüler $\mathrel{\widehat{=}} \frac{1}{30}$

4. 14 Mädchen

5.a) 18 Schülerinnen und Schüler
  b) 9 Schülerinnen und Schüler
  c) 6 Schülerinnen und Schüler
  d) 3 Schülerinnen und Schüler

6. ja, $\frac{11}{30} \mathrel{\widehat{=}} 132$ Stimmen

Aus der Musik

Zu Seite 37

1. ---

2. halbe Note: 2 Taktschläge, ganze Note: 4 Taktschläge
   2 Achtel auf einen Taktschlag
   4 Sechzehntel auf einen Taktschlag
   Die Pause dauert 4 Taktschläge.

3. $1\frac{1}{2}$; $\frac{3}{4}$; $\frac{3}{8}$; $\frac{3}{16}$; punktierte ganze Note $\mathrel{\widehat{=}}$ 6 Taktschläge; punktierte halbe Note $\mathrel{\widehat{=}}$ 3 Taktschläge;
   punktiertes Viertel $\mathrel{\widehat{=}} 1\frac{1}{2}$ Taktschläge.

4. Beim 4. Schlag muss mit dem Lied begonnen werden. Bei der 2. Note fehlt der Punkt.

Brüche dividieren

Zu Seite 38

1. a) 40 Flaschen; 80 Flaschen b) 25; 50; 100; 200 Flaschen c) ---

2. a) 6 b) 6; $\frac{3}{4}$ wurde mit dem Kehrwert von $\frac{1}{8}$ multipliziert.

3. a) 10; 21 b) $\frac{8}{9}$; $1\frac{1}{3}$ c) 2; $\frac{2}{3}$ d) 10; 8 e) $1\frac{1}{2}$; $2\frac{1}{3}$ f) $1\frac{1}{4}$; $\frac{2}{3}$

4. a) 3; $1\frac{7}{11}$ b) $2\frac{2}{3}$; 4 c) 16; 24 d) 6; 5 e) $\frac{1}{6}$; $7\frac{1}{2}$ f) 30; 1

„Kn“ 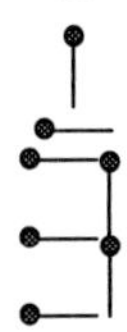 oder 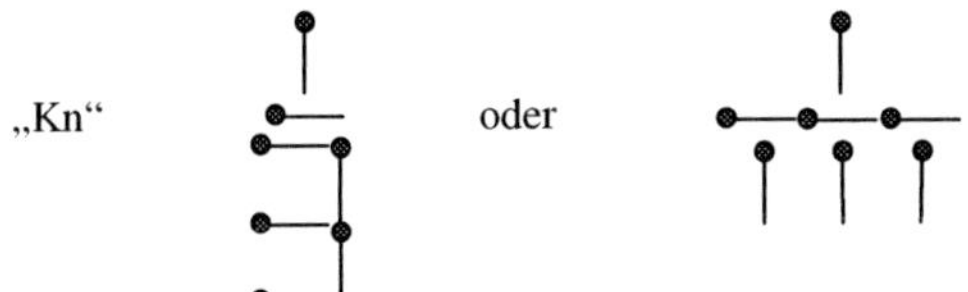

Zu Seite 39

5. a) $\frac{2}{3}$; $1\frac{1}{6}$ b) $1\frac{1}{2}$; $1\frac{1}{3}$ c) $\frac{2}{3}$; $\frac{2}{3}$ d) $\frac{3}{7}$; $\frac{3}{5}$ e) $\frac{7}{8}$; $\frac{3}{4}$ f) 1; 1

6. 15 Teddys

7. a) $\frac{1}{2}$; 1 b) 1; 28 c) $4\frac{2}{3}$; $\frac{5}{9}$ d) $1\frac{1}{2}$; $\frac{20}{21}$ e) $\frac{4}{7}$; $6\frac{2}{3}$ f) $8\frac{4}{5}$; $4\frac{1}{2}$

8. 20 Tüten (40 Tüten)

9. a) $\frac{3}{5}$; $\frac{5}{28}$; $\frac{3}{4}$ b) $\frac{5}{7}$; $1\frac{1}{4}$; $\frac{3}{5}$ c) 13; 27; $\frac{2}{15}$
   d) 156; 4; 3 e) $3\frac{1}{3}$; $3\frac{1}{2}$; 10 f) $1\frac{5}{6}$; $\frac{5}{8}$; 6

10. 14 Katzen

Vermischte Übungen

Zu Seite 40

1. a) $\frac{12}{13}$; $3\frac{1}{9}$ b) 24; $4\frac{1}{2}$ c) $\frac{3}{35}$; $\frac{10}{21}$ d) $\frac{7}{24}$; $\frac{16}{39}$ e) $\frac{2}{3}$; $\frac{1}{2}$ f) $\frac{3}{10}$; $\frac{4}{15}$

2. a) $\frac{1}{5}$; $\frac{1}{15}$ b) $\frac{1}{11}$; 2 c) $1\frac{5}{16}$; 5

3. a) 4; 3 b) 3; 5 c) 5; 5 d) 5; 9

4. $3\frac{1}{2} : 2 = 1\frac{3}{4}$; $\frac{7}{6} : \frac{2}{3} = 1\frac{3}{4}$

$2\frac{1}{2} \cdot 1\frac{1}{5} = 3$; $1\frac{1}{4} \cdot 2\frac{2}{5} = 3$

$2\frac{2}{7} \cdot 4\frac{1}{5} = 9\frac{3}{5}$; $9 : \frac{15}{16} = 9\frac{3}{5}$

$3\frac{2}{11} \cdot 1\frac{8}{25} = 4\frac{1}{5}$; $6 : 1\frac{3}{7} = 4\frac{1}{5}$

$1\frac{5}{8} \cdot \frac{2}{3} = 1\frac{1}{12}$; $3\frac{5}{7} : 3\frac{3}{7} = 1\frac{1}{12}$

5. ---

6. a) 16 Eimer b) 12 Eimer

7. a) 160 Flaschen b) $\frac{1}{10}$ des Saftes wird insgesamt verschüttet.

Verbindung der vier Grundrechenarten

Zu Seite 41

1. a) $\frac{11}{15}$ b) $2\frac{11}{42}$ c) $1\frac{7}{48}$ d) $1\frac{7}{16}$ e) $\frac{23}{30}$ f) $\frac{2}{7}$
   g) $\frac{29}{126}$ h) $\frac{2}{33}$ i) 2 k) mit dem Distributivgesetz

2. a) $6\frac{5}{6}$ b) $46\frac{1}{4}$ c) $\frac{3}{4}$ d) $\frac{4}{5}$ e) $\frac{11}{17}$ f) $16\frac{5}{8}$
   g) $1\frac{1}{24}$ h) 30 i) $\frac{2}{19}$

3. a) $\frac{2}{3} + \frac{1}{6} \cdot \left(\frac{5}{12} + \frac{3}{4}\right) = \frac{31}{36}$ b) $\left(\frac{2}{3} + \frac{1}{6}\right) \cdot \left(\frac{5}{12} + \frac{3}{4}\right) = \frac{35}{36}$

   c) $\left(\frac{5}{7} - \frac{5}{21}\right) \cdot \frac{3}{15} + 9 \cdot \frac{1}{2} = 4\frac{25}{42}$ d) $\left(\frac{5}{7} - \frac{5}{21}\right) \cdot \left(\frac{3}{15} + 9 * \frac{1}{2}\right) = 2\frac{5}{21}$

   e) $4 - \frac{5}{9} \cdot \left(\frac{14}{28} + \frac{5}{6} - \frac{1}{3}\right) = 3\frac{4}{9}$ f) $4 - \left[\frac{5}{9} * \left(\frac{14}{28} + \frac{5}{6}\right) - \frac{1}{3}\right] = 3\frac{16}{27}$

4. a) $\frac{23}{25}$ b) $\frac{1}{2}$ c) 10 d) $2\frac{1}{2}$ e) $\frac{11}{12}$ f) $\frac{1}{6}$

   g) $1\frac{1}{6}$ h) $1\frac{5}{6}$

5. a) 3 b) $\frac{15}{16}$ c) 0 d) $2\frac{1}{4}$

6. a) $15\frac{5}{8}$; $\frac{4}{81}$; $\frac{49}{729}$; $\frac{4}{49}$ b) $3\frac{1}{20}$; $\frac{5}{16}$; $\frac{23}{75}$; $\frac{35}{52}$

c) $\frac{53}{125}$; $6\frac{1}{2}$; $\frac{25}{36}$; $\frac{27}{125}$ d) 0; $\frac{16}{81}$; $\frac{1}{810}$; $\frac{24}{245}$

7. a) 5 b) $\frac{3}{5}$ c) $\frac{3}{4}$

8. a) $\frac{1}{25}$ b) $6\frac{27}{64}$ c) $9\frac{31744}{32768} = 9\frac{31}{32}$ d) $6\frac{4050000}{4100625} = 6\frac{80}{81}$

Zu Seite 42

9. a) $32\frac{28}{33}$ b) 116 c) 11 d) $3\frac{1}{20}$ e) $1\frac{1}{2}$ f) $1\frac{9}{26}$

10. $38\frac{1}{2}$ b) $6\frac{2}{3}$ c) $1\frac{71}{72}$ d) $48\frac{1}{3}$ e) $1\frac{1}{2}$ f) $15\frac{1}{21}$

11. Claudia ist $1\frac{7}{20}$ m = 1,35 m, Wolfgang ist $1\frac{61}{100}$ m = 1,61 m groß.

12. a) 125 b) $\frac{5}{14}$ c) $\frac{9}{14}$ d) $\frac{1}{2}$ e) $\frac{5}{16}$ f) $\frac{5}{8}$

g) $\frac{5}{18}$ h) $\frac{1}{6}$ i) $\frac{7}{9}$

13. a) $4\frac{1}{2}$ b) $5\frac{1}{3}$ c) 7 d) 54 e) $55\frac{1}{5}$ f) $\frac{14}{33}$

„Kn“ $\frac{1}{18}$ einer Doppelstunde kann sich der Sportlehrer mit jedem Kind beschäftigen.

Vermischte Übungen

Zu Seite 43

1. a) $\frac{1}{4}$ h = **15** min b) $\frac{2}{5}$ m = **40** cm c) $\frac{1}{50}\ \frac{km}{s} = \mathbf{20}\ \frac{m}{s}$

$\frac{1}{4}$ h = **900** s $\frac{3}{4}$ m^2 = **75** dm^2 $\frac{3}{20}\ \frac{km}{s} = \mathbf{150}\ \frac{m}{s}$

2. a) $\frac{13}{17}$: kann man nicht kürzen b) $\frac{38}{86}$: alle anderen ergeben $\frac{1}{2}$ c) $\frac{15}{37}$: der Zähler ist keine Primzahl

3. a) $L = \{2\}$ b) $L = \left\{\frac{7}{4}\right\}$ c) $L = \left\{\frac{1}{2}\right\}$ d) $L = \left\{\frac{4}{7}\right\}$ e) $L = \{27\}$

$L = \{4\}$ $L = \left\{\frac{1}{4}\right\}$ $L = \left\{\frac{1}{4}\right\}$ $L = \{4\}$ $L = \left\{\frac{1}{27}\right\}$

4. **A**, der Bruch wird größer.

5. **6** mal steht die Note „befriedigend" auf dem Zeugnis.

6. **A**, in der Klasse gibt es mehr Mädchen als Jungen.

7. **A**, 18 Murmeln befanden sich im Beutel.

8.a) Der Umfang ist halb so groß, die Fläche ist ein Viertel von vorher.
b) Der Umfang ist ebenfalls ein Drittel des ursprünglichen, der Flächeninhalt ist ein Neuntel davon.

„Kn" 1. Kiste: 6 kg
2. Kiste: 12 kg
3. Kiste: 24 kg

Zu Seite 44

9. Ehefrau: 135 000 EUR
Sohn und Tochter: jeweils 45 000 EUR
jedes der 3 Enkelkinder: 15 000 EUR

10.a) $3\frac{4}{8} : 1\frac{3}{4} =$

b) $(3 \cdot \frac{4}{8}) : (1 \cdot \frac{3}{4}) =$

c) beide Male das gleiche Ergebnis, nämlich 2.

11.a) 125 EUR Geldbuße und 4 Punkte in Flensburg
b) Mindestabstand (halber Tachowert): 80 m
c) Bei weniger als 22 m Abstand sind bei Tempo 110 km/h 3 Punkte in Flensburg fällig.
d) Einhaltung des Sicherheitsabstandes: sonst Gefahr des Auffahrens.

Mit dem Auto zur Hannover-Messe

Zu Seite 45

a) 1125 EUR b) 4 h c) 500 km d) 126 km e) 13.00 Uhr
f) 25 Liter; Öko-ZX g) 1,2 EUR h) 1 100 m

Team 6 auf Mathe – Tour

Zu Seite 46/47

Siehe *Laufzettel 1* am Ende des Lösungsheftes.

---

4 Dezimalbrüche

Zu Seite 48

1. Antje: 56,46 s; Christiane: 56,88 s

2. Johannes: 8,8 s; Marcus hätte die 50 m in 8,1 s laufen müssen.

3.a) Multipliziert man eine Stufenzahl mit 10, so erhält man die nächstgrößere Stufenzahl.
b) Dividiert man von der Stufenzahl 1 an durch 10, erhält man ein Zehntel, ein Hundertstel, ein Tausendstel usw.

4.

	T	H	Z	E	z	h	t	zt	ht
a)				0	0	7			
a)				0	3				
a)				0	0	0	9		
a)				7	3				
a)			1	9	7	3			
a)				0	2	0	3		
a)		2	4	4	0	4	9		
a)		1	0	5	0	2	0	3	
b)				0	7	5	6		
b)			1	2	8	6	5		
b)			4	0	0	4	1	8	
b)				0	0	0	3		
b)		7	0	0	3	0	8		
b)			1	2	2	0	1	3	8
b)		1	0	0	3	5	0	3	
b)				8	0	0	0	8	

5. a) 0,58 b) 18,81 c) 133,3 d) 27,135 e) 9,0803 f) 1,151
g) 0,004 h) 60,06 i) 200,903 k) 3008,308

Brüche in dezimaler Schreibweise

Zu Seite 49

6. a) 0,7; 0,9; 0,3; 1,7; 3,4; 17,9
b) 1,9; 2,7; 4,9; 8,9; 9,3
c) 0,47; 0,81; 0,17; 0,33; 0,07; 0,09; 0,03
d) 19,17; 38,43; 52,56; 3,29; 7,77; 8,03
e) 0,509; 0,128; 0,707; 0,003; 0,019; 0,027
f) 15,333; 18,808; 24,904; 6,218; 3,203; 7,007

7. a) $\frac{7}{10}; \frac{9}{10}; 2\frac{3}{10}; 3\frac{19}{100}; 14\frac{27}{100}; 2\frac{1}{100}$
b) $\frac{79}{100}; \frac{83}{1000}; \frac{753}{1000}; 2\frac{251}{1000}; 3\frac{207}{1000}$
c) $1\frac{63}{100}; 3\frac{57}{100}; 2\frac{81}{100}; \frac{7}{100}; \frac{507}{1000}; 18\frac{51}{1000}$
d) $\frac{89}{1000}; \frac{93}{1000}; 10\frac{87}{1000}; 9\frac{253}{1000}; 10\frac{51}{1000}$
e) $1\frac{381}{10000}; 14\frac{703}{1000}; 15\frac{179}{1000}; 70\frac{7}{100}; 15\frac{899}{1000}$
f) $13\frac{83}{100}; 19\frac{9}{10}; 1\frac{443}{1000}; 24\frac{9}{100}; 17\frac{387}{1000}$

8. $0{,}0101 = \frac{101}{10000}; \frac{7}{100} = 0{,}07; 3{,}4 = 3\frac{4}{10}; \frac{38}{10} = 3{,}8; 17{,}7 = 17\frac{7}{10}; 3\frac{3}{10} = 3{,}3; \frac{509}{100} = 5{,}09$

9.

		a)	b)	c)	d)	e)	f)	g)	h)	i)	k)
Dezimalbruch	3,8	5,4	8,13	1,9	24,08	9,095	7,018	2,28	2,06	4,318	17,006
gemischte Zahl	$3\frac{8}{10}$	$5\frac{4}{10}$	$8\frac{13}{100}$	$1\frac{9}{10}$	$24\frac{8}{100}$	$9\frac{95}{1000}$	$7\frac{18}{1000}$	$2\frac{28}{100}$	$2\frac{6}{100}$	$4\frac{318}{1000}$	$17\frac{6}{1000}$
Bruchzahl	$\frac{38}{10}$	$\frac{54}{10}$	$\frac{813}{100}$	$\frac{19}{10}$	$\frac{2408}{100}$	$\frac{9095}{1000}$	$\frac{7018}{1000}$	$\frac{228}{100}$	$\frac{206}{100}$	$\frac{4318}{1000}$	$\frac{17006}{1000}$

10. a) $0{,}6 = \frac{6}{10} = \frac{3}{5}$

$0{,}04 = \frac{4}{100} = \frac{1}{25}$

$0{,}050 = \frac{50}{1000} = \frac{1}{20}$

b) $0{,}045 = \frac{45}{1000} = \frac{9}{200}$

$0{,}044 = \frac{44}{1000} = \frac{11}{250}$

$0{,}20 = \frac{20}{100} = \frac{1}{5}$

c) $6{,}04 = 6\frac{4}{100} = 6\frac{1}{25}$

$18{,}375 = 18\frac{375}{1000} = 18\frac{3}{8}$

$30{,}4 = 30\frac{4}{10} = 30\frac{2}{5}$

d) $1{,}006 = 1\frac{6}{1000} = 1\frac{3}{500}$

$4{,}0204 = 4\frac{204}{10000} = 4\frac{51}{2500}$

$18{,}002 = 18\frac{2}{1000} = 18\frac{1}{500}$

e) $0{,}008 = \frac{8}{1000} = \frac{1}{125}$

$56{,}044 = 56\frac{44}{1000} = 56\frac{11}{250}$

$10{,}068 = 10\frac{68}{1000} = 10\frac{17}{250}$

f) $500{,}400 = 500\frac{400}{1000} = 500\frac{2}{5}$

$13{,}125 = 13\frac{125}{1000} = 13\frac{1}{8}$

$17{,}75 = 17\frac{75}{100} = 17\frac{3}{4}$

11. a) $\frac{2}{5} = \frac{4}{10} = 0{,}4$

$\frac{4}{5} = \frac{8}{10} = 0{,}8$

b) $\frac{3}{20} = \frac{15}{100} = 0{,}15$

$\frac{7}{10} = 0{,}7$

c) $\frac{17}{20} = \frac{85}{100} = 0{,}85$

$\frac{3}{4} = \frac{75}{100} = 0{,}75$

d) $\frac{3}{5} = \frac{6}{10} = 0{,}6$

$\frac{2}{4} = \frac{50}{100} = 0{,}5$

e) $\frac{4}{8} = \frac{500}{1000} = 0{,}5$

$\frac{7}{8} = \frac{875}{1000} = 0{,}875$

f) $\frac{9}{10} = 0{,}9$

$\frac{5}{8} = \frac{625}{1000} = 0{,}625$

12. a) $\frac{8}{16} = \frac{1}{2} = \frac{5}{10} = 0{,}5$

$\frac{6}{15} = \frac{2}{5} = \frac{4}{10} = 0{,}4$

b) $\frac{35}{70} = \frac{1}{2} = \frac{5}{10} = 0{,}5$

$\frac{3}{75} = \frac{1}{25} = \frac{4}{100} = 0{,}04$

c) $\frac{8}{160} = \frac{1}{20} = \frac{5}{100} = 0{,}05$

$\frac{21}{70} = \frac{3}{10} = 0{,}3$

d) $\frac{45}{18} = \frac{5}{2} = \frac{25}{10} = 2{,}5$

$\frac{48}{32} = \frac{3}{2} = \frac{15}{10} = 1{,}5$

e) $\frac{57}{15} = \frac{19}{5} = \frac{38}{10} = 3{,}8$

$\frac{27}{36} = \frac{3}{4} = \frac{75}{100} = 0{,}75$

f) $\frac{9}{375} = \frac{3}{125} = \frac{24}{1000} = 0{,}024$

$\frac{39}{75} = \frac{13}{25} = \frac{52}{100} = 0{,}52$

Zu Seite 50

13. a) $\frac{9}{20} = \frac{45}{100} = 0{,}45$

$\frac{7}{50} = \frac{14}{100} = 0{,}14$

$\frac{3}{5} = \frac{6}{10} = 0{,}6$

$\frac{8}{500} = \frac{16}{1000} = 0{,}016$

$\frac{5}{200} = \frac{25}{1000} = 0{,}025$

$\frac{6}{25} = \frac{24}{100} = 0{,}24$

$\frac{6}{200} = \frac{30}{1000} = 0{,}030$

b) $\frac{1}{4} = \frac{25}{100} = 0{,}25$

$\frac{47}{20} = \frac{235}{100} = 2{,}35$

$\frac{9}{5} = \frac{18}{10} = 1{,}8$

$\frac{81}{50} = \frac{162}{100} = 1{,}62$

$\frac{25}{40} = \frac{625}{1000} = 0{,}625$

$\frac{19}{20} = \frac{95}{100} = 0{,}95$

$\frac{15}{50} = \frac{30}{100} = 0{,}30$

c) $\frac{4}{5} = \frac{8}{10} = 0{,}8$

$\frac{7}{20} = \frac{35}{100} = 0{,}35$

$\frac{14}{50} = \frac{28}{100} = 0{,}28$

$\frac{9}{200} = \frac{45}{1000} = 0{,}045$

$\frac{2}{4} = \frac{50}{100} = 0{,}50$

$\frac{15}{20} = \frac{75}{100} = 0{,}75$

$\frac{7}{5} = \frac{14}{10} = 1{,}4$

$\frac{11}{125} = \frac{88}{1000} = 0{,}088$

d) $\frac{5}{8} = \frac{625}{1000} = 0{,}625$

$\frac{7}{8} = \frac{875}{1000} = 0{,}875$

$\frac{7}{125} = \frac{56}{1000} = 0{,}056$

$\frac{15}{8} = \frac{1875}{1000} = 1{,}875$

$\frac{1}{8} = \frac{125}{1000} = 0{,}125$

$\frac{12}{8} = \frac{1500}{1000} = 1{,}5$

$\frac{9}{40} = \frac{225}{1000} = 0{,}225$

$\frac{3}{8} = \frac{375}{1000} = 0{,}375$

14. a) $\frac{66}{88} = \frac{3}{4} = \frac{75}{100} = 0{,}75$ b) $\frac{20}{8} = \frac{5}{2} = \frac{25}{10} = 2{,}5$

$\frac{12}{16} = \frac{3}{4} = \frac{75}{100} = 0{,}75$ $\frac{55}{88} = \frac{5}{8} = \frac{625}{1000} = 0{,}625$

$\frac{13}{65} = \frac{1}{5} = \frac{2}{10} = 0{,}2$ $\frac{6}{75} = \frac{2}{25} = \frac{8}{100} = 0{,}08$

$\frac{36}{45} = \frac{4}{5} = \frac{8}{10} = 0{,}8$ $\frac{12}{1500} = \frac{1}{125} = \frac{8}{1000} = 0{,}008$

$\frac{56}{32} = \frac{7}{4} = \frac{175}{100} = 1{,}75$ $\frac{18}{240} = \frac{3}{40} = \frac{75}{1000} = 0{,}075$

$\frac{35}{28} = \frac{5}{4} = \frac{125}{100} = 1{,}25$ $\frac{9}{375} = \frac{3}{125} = \frac{24}{1000} = 0{,}024$

$\frac{54}{15} = \frac{18}{5} = \frac{36}{10} = 3{,}6$ $\frac{6}{150} = \frac{1}{25} = \frac{4}{100} = 0{,}04$

15. a) 2,25; 6,8; 2,625; 4,6; 1,28; 5,15 b) 2,75; 4,4; 3,875; 6,032; 4,04; 3,1

16. a) $\frac{7}{10}; \frac{70}{100}; \frac{700}{1000}; \frac{7000}{10000}$ b) $1\frac{3}{10}; 1\frac{30}{100}; 1\frac{300}{1000}; 1\frac{3000}{10000}$

Die Zahlen haben jeweils den gleichen Wert.

17.
0,7 = 0,70 = 0,700 = 0,7000
0,04 = 0,040 = 0,0400 = 0,04000
0,032 = 0,0320 = 0,03200 = 0,032000
2,02 = 2,020 = 2,0200 = 2,02000
14,8 = 14,80 = 14,800 = 14,8000
7,01 = 7,010 = 7,0100 = 7,01000
0,9 = 0,90 = 0,900 = 0,9000
0,38 = 0,380 = 0,3800 = 0,38000
1,1 = 1,10 = 1,100 = 1,1000
14,08 = 14,080 = 14,0800 = 14,08000
1,4 = 1,40 = 1,400 = 1,4000

18. a) $\frac{1800}{10000} = \dots \frac{18}{100}$ b) $\frac{20000}{100000} = \dots \frac{2}{10}$ c) $\frac{4100}{10000} = \dots \frac{41}{100}$

d) $\frac{103000}{1000000} = \dots \frac{103}{1000}$ e) $\frac{427000}{1000000} = \dots \frac{427}{1000}$ f) $\frac{700000}{10000000} = \dots \frac{7}{100}$

19. 0,06; 0,73; 0,8; 0,102; 3,7; 14,2; 200,6; 7,3

20. 0,303; 0,04; 0,03; 4,006; 4,6

21.

a)	b)	c)	d)	e)	f)
2,760	0,700	13,8000	27,60	150,700	2100,900
0,500	3,801	3,1800	2,76	150,700	210,090
13,405	27,060	0,1308	7,60	15,070	2100,909

22. a) 23,500 = 23,50
23,05 = 23,050
b) 17,8 = 17,80
17,08 = 17,080
c) 0,16= 0,1600 = 0,160
0,0160 = 0,016
d) 111,01 = 111,010
110,11 = 110,110

Dezimalbrüche vergleichen

Zu Seite 51

1.

Tonia auf Crazy:	23,98 s
Joanna auf Bauxit:	24,03 s
Marie-Louise auf Raphael:	24,38 s
Annika auf Ramona:	24,42 s
Lotti auf Lena:	24,72 s

2.
2. Etappe: 40,080 km
1. Etappe: 40,085 km
3. Etappe: 40,350 km
4. Etappe: 4,0850 km

3.

a)	b)	c)	d)
9,85 > 9,58	0,030 < 0,031	7,382 > 7,328	10,01 = 10,010
0,70 > 0,67	7,120 > 7,012	11,101 < 11,110	10,10 > 10,01
0,308 < 0,380	14,0 > 10,4	9,099 < 9,909	10,07 < 10,077

4.a) 18,401 > 18,041 > 18,033 > 18,030 >18,003
b) 12,641 > 12,64 > 12,604 > 12,406 > 12,064
c) 8,84 > 8,804 > 8,480 > 8,408 > 8,040 > 8,004
d) 7,502 > 7,352 > 7,325 > 7,253 > 7,25 > 7,052
e) 2,52 > 2,50 > 0,502 > 0,205 > 0,052 > 0,025
f) 1,110 > 1,101 > 1,100 > 1,011 > 1,01 > 1,001

5.a) 12,8 > 12,3 > 12,09 > 12,08 > 12,07 > 12,03
b) 2,88 > 2,8 > 2,7 > 2,08 > 2,07 > 2,008
c) 66,17 > 66,117 > 66,07 > 66,0119 > 66,0118
d) 10,91 > 10,90 > 10,8 > 10,24 > 10,14 > 10,09
e) 210,8 > 210,72 > 210,7 > 210,4 > 210,07
f) 500,2 = 500,20 > 500,02 > 500,005 > 500,003

Zu Seite 52

6.a) A:= 0,4; B:= 2,8; C:= 4,6; D:= 5,8; E:= 7,3; F:= 9,7
b) A:= 2,44; B:= 2,65; C:= 2,86; D:= 3,03; E:= 3,14; F:= 3,32
c)

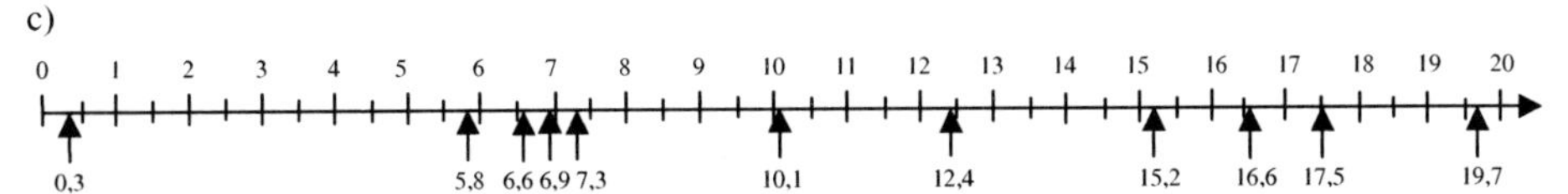

7. Durch die Abbildung wird ein größerer Maßstab verdeutlicht. Dadurch kann man kleinere Einheiten darstellen.

8.

a)			b)		
0,42	0,45	0,48	0,71	0,75	0,77
0,241	0,243	0,248	1,05	1,07	1,08
0,031	0,035	0,038	7,91	7,94	7,99

c)			d)		
7,211	7,216	7,218	16,2503	16,2505	16,2508
32,04	32,07	32,08	0,052	0,054	0,057
1,0703	1,0706	1,0708	0,04	0,07	0,08

9. 1,025<1,052<1,205<1,250<1,502<1,520 (0,125<0,152<0,215<0,251<0,512<0,521)

10. 120 g → 0,98 EUR 135 g → 1,10 EUR 165 g → 1,35 EUR
175 g → 1,43 EUR 190 g → 1,55 EUR

Dezimalbrüche runden

Zu Seite 53

1. a) Fr. Schmidbauer muss etwa 52 EUR bezahlen. b) etwa 40 l c) etwa 2 EUR

2. 57,78 EUR 103,28 EUR 94,84 EUR 121,00 EUR 76,32 EUR

3.

a) auf Hundertstel:	134,38	0,03	12,10	0,01
b) auf Zehntel:	27,4	0,1	3,2	1,0
c) auf Tausendstel:	8,946	9,090	8,634	4,294
d) auf Hunderttausendstel:	9,67896	5,43957	9,93725	0,60408

4.

a)	b)	c)
32,0 kg	22,5 kg	23,5 kg
56,5 kg	46,5 kg	42,0 kg
53,0 kg	68,0 kg	36,0 kg

5.

a) 38,7	vorher etwa:	38,65; 38,678; 37,74589	(auf Zehntel gerundet)
51,9		51,85; 51,9078; 51,9443	
67,5		67,451; 67,498; 67,5014	
83,1		83,057; 83,1178; 83,146	
94,3		94,2508; 94,2998; 94,344	
b) 26,02	vorher etwa:	26,019; 26,0214; 26,0245	(auf Hundertstel gerundet)
18,14		18,135; 18,1399; 18,1449	
38,96		38,955; 38,962; 38,9649	
54,00		53,995; 54,002; 54,0049	
86,8		86,795; 86,801; 86,8049	
c) 13,745	vorher etwa:	13,7445; 13,7451; 13,7454	(auf Tausendstel gerundet)
57,227		57,2265; 57,22698; 57,2274	
101,096		101,0955; 101,0962; 101,0964	
17,009		17,0085; 17,00924; 17,00942	
1,308		1,30758; 1,3079; 14,30845	

6. 3,28 (auf Hundertstel gerundet): 3,275; 3,2815; 3,2845

7. 0,75; 0,76; 0,77; 0,78; 0,79; 0,80; 0,81; 0,82; 0,83; 0,84

Dezimalbrüche addieren und subtrahieren

Zu Seite 54

1. a) 8,09 km b) 676,91 km

2. 7,40 EUR

3. a) 6,011 b) 10,619 c) 45,255 d) 97,975 e) 93,003 f) 213,649

4. a) 5,194 b) 1,737 c) 17,187 d) 26,412 e) 17,992 f) 6,344

5. a) 1,137 b) 43,617
1,000 14,382
16,586 1,388

6. 1,8 **S** 2,12 **C** 3,20 **H** 4,33 **R** 5,47 **A** 6,50 **U** 7,54 **B** 8,50 **E** 9,25 **N**

Zu Seite 55

7. nein, 3,93 kg

8. Der Höhenunterschied beträgt 647,4 m.

9. a) 123,5 b) 1,25 c) 35,66 d) 73,20
13,62 56,5 37,38 50,45
4,94 7,44 96,38 117,66

10. Linke Tafelhälfte: die Aufgabe wird in der Reihenfolge gerechnet.
Rechte Tafelhälfte: Regel: Summe der Minuenden minus Summe der Subtrahenden.

11. a) 27,476 b) 392,4505
108,8977 4,678
6,207 1,854
762,983 10,833

12. a) 10,48 b) 51,88 c) 38,54 d) 79,098 e) 29,47 f) 16,1058

Dezimalbrüche multiplizieren

Zu Seite 56

1. Maren: 2 180 m Tobias: 2 040 m Es sind 140 m, also hat Maren nicht hat Recht.

2. a) 6 b) 27
34,5 1515

3. a) 50,4 b) 145,3 c) 5181,3 d) 90 e) 48 f) 82460
0,8 70,4 526,7 30,5 113 82
673,43 1285 13589 3070 7 28

4.a)

Strecke	Länge in der Karte	Länge in der Wirklichkeit
Regensburg – Straubing	4,0 cm	40 000 m
Regensburg – Ingolstadt	5,7 cm	57 000 m
Ingolstadt – Neumarkt	5,8 cm	58 000 m
Kelheim – Schwandorf	4,7 cm	47 000 m
Wörth – Rottenburg	4,3 cm	43 000 m
Dietfurt – Beilngries	0,7 cm	7 000 m
Neumarkt - Straubing	9,4 cm	94 000 m
Neustadt - Nittenau	5,5 cm	55 000 m

b) 7,8 cm → 7 800 m; 14,3 cm → 14 300 m; 25,8 cm → 25 800 m

Zu Seite 57

1. 21.07. : 63,455 km
   22.07. : 119,14 km
   23.07.: 138,01 km

   Die unterschiedlich zurückgelegten Strecken an den verschiedenen Tagen sind durch die unterschiedlichen Windverhältnisse zu erklären.

2.	a) 8,52	b) 0,275	c) 4,75	d) 0,408	
	5,796	16,016	14,4	1,44	
3.	a) 67,33416	b) 107,1125	c) 0,501061		
	11,8184	8,05885	887,19192		
4.	a) 0,28	b) 0,032	c) 0,003	d) 0,56	e) 0,000072
	0,028	0,0032	0,0024	0,28	0,0049
5.	a) 4,6875	b) 0,051	c) 50,925	d) 2,4939	e) 162,74712
	207,152	14,0589	501,364	0,13112	572,88

6.	a) 1122,08	**H**	b) 20,05	**L**	c) 5,8964	**K**
	148,2	**O**	1,115	**A**	6,1522	**I**
	15,058	**S**	34,182	**U**	3,09	**N**
	40,07	**E**	18,63	**B**	48,1792	**N**

Zu Seite 58

7.	a) 55,5	b) 36,5
	5,12	5,118
	76,285	23,75

8.a) (26,2 – 4,7) · 12,2 = **262,3**
b) (18,4 + 4,7) · (18,4 – 4,7) = **316,47**
c) x – 4,8 · 0,6 = 7,5; x = 10,38; die Zahl heißt **10,38**.
d) x + 0,9 · 13,5 = 20; x = 7,85; die Zahl heißt **7,85**.
e) x + 5,2 · 0,7 = 13,2; x = 9,56; die Zahl heißt **9,56**.

9. a) 745,16 t b) 426,4 t

10. Gesamtkosten: 150,4 EUR

11.a) Breite des Tores: 731,52 cm; Höhe des Tores: 243,84 cm
b) Breite des Fußballfeldes: 69 m; Länge des Feldes: 101 m

Dezimalbrüche durch natürliche Zahlen dividieren

Zu Seite 59

1.a) An einem Heft spart Sophie 0,10 EUR.
b)

Briefumschläge:	0,02 EUR
Disketten:	0,39 EUR
Bleistifte:	0,65 EUR
Kugelschreiber:	0,20 EUR
Filzstifte:	0,37 EUR
Schreibblock:	0,71 EUR

2.	a) 0,65 0,3	b) 0,86 1,784	c) 0,0193 0,059	d) 2,497 0,204	
3.	a) 1,16 0,27 0,1101 43,68 10,04	b) 4,235 0,264 0,735 0,111 0,0404	c) 0,34805 0,03285 9,2943 0,1004 7,77011	d) 348,05 0,0073 16,6036 0,2002 0,0005	e) 0,03408 0,0091 0,008427 0,00002 0,1342

4.a) 2 304 : x = 2,304; **x = 1 000**
b) x · 10 = 0,17; **x = 0,017**
c) x · 1 000 = 250; **x = 0,25**

5. a) Ein Blatt Papier wiegt 0,0113 kg; b) 50 wiegen 0,565 kg; 100 wiegen 1,13 kg.

Zu Seite 60

1. 275 Cent = 2,75 EUR; 120 Cent = 1,20 EUR; 250 Cent = 2,50 EUR

2.	a) 2,73 1,74 1,49	b) 1,2 1,91 2,49	c) 2,04 1,09 1,31	d) 1,65 2,33 2,17	e) 1,09 1,33 1,86	f) 3,1 7,03 21,01

3. 12,4 : 4 = 3,1
39,5 : 5 = 7,9
81,41 : 7 = 11,63
98,4 : 8 = 12,3
54,72 : 12 = 4,56
134,82 : 9 = 14,98

4.	a) 1,2 1,5 1,25 0,9	b) 1,5 3,2 4,5 1,5	c) 0,62 3,3 0,15 0,39	d) 0,91 0,02 1,43 2,1	e) 0,071 0,021 7,2 0,315	f) 0,03 0,009 4,5 0,21

5. a) 11,40 EUR b) 0,95 EUR

Dezimalbrüche dividieren

Zu Seite 61

1. 47,30 : 1,10 = **43**
4730 : 110 = **43** ⇒ Frau Soergel muss für 43 l bezahlen.

2.	a) 2 0,2	b) 3 0,3	c) 2 0,2	d) 1 0,1	e) 0,3 0,03	f) 0,7 0,07
3.	a) 40 4	b) 8 0,8	c) 2 2	d) 250 0,025	e) 0,0003 30 000	f) 70 0,07
4.	a) 3,05 5,9 6,8	b) 5,3 6,7 0,34	c) 8,3 9,6 1,29	d) 120 110,6 3 300		
5.	6,13 **M** 7,27 **I**	64,8 **O** 53,4 **N**	6,09 **U** 79,2 **B**	53,4 **N** 7,27 **I**	49 **T** 9000 **K**	50,1 **A** 71,6 **E**

M O U N T A I N B I K E

6. a) 0,3 (0,34); 0,2 (0,24); 2,7 (2,74)
b) 15,5 (15,47); 16,4 (16,36); 2,7 (2,67)
c) 14,8 (14,84); 16,4 (16,44); 12,5 (12,52)

Periodische Dezimalbrüche

Zu Seite 62

1. nein

2.a) ---

b) 0,22; 0,94; **0,2222...**; 0,6; 0,375; **0,3333...**; 0,9; $\frac{2}{9}$ und $\frac{1}{3}$ lassen sich nicht so einfach in einen Dezimalbruch umwandeln.

c) $\frac{5}{8} = 0{,}625$ $\frac{1}{3} = 0{,}\overline{3}$ $\frac{2}{11} = 0{,}\overline{18}$

3. a) $0{,}875$ b) $0{,}\overline{6}$ c) $0{,}6$ d) $0{,}\overline{5}$ e) $0{,}\overline{36}$ f) $2{,}\overline{4}$
g) $1{,}\overline{36}$ h) $0{,}\overline{51}$ i) $0{,}\overline{296}$

Zu Seite 63

4.a) $0{,}\overline{4}$; $0{,}\overline{18}$; $0{,}25$; $0{,}\overline{3}$; $0{,}\overline{63}$; $0{,}525$; $0{,}\overline{36}$; $0{,}425$; $0{,}04494382$; $0{,}\overline{45}$

b) $0{,}8\overline{6}$; $0{,}58\overline{3}$; $0{,}5625$; $0{,}1\overline{36}$; $0{,}6\overline{1}$; $0{,}24$; $0{,}7\overline{3}$; $0{,}3\overline{8}$; $0{,}6\overline{81}$; $0{,}0\overline{72}$

c) $1{,}3\overline{8}$; $1{,}48$; $0{,}291\overline{6}$; $0{,}8\overline{1}$; $0{,}\overline{851}$; $0{,}\overline{714285}$; $0{,}19\overline{4}$; $0{,}31\overline{6}$; $2{,}458\overline{3}$

d) $11{,}\overline{42}$; $2{,}\overline{619047}$; $1{,}\overline{70731}$; $4{,}6875$; $25{,}\overline{81}$; $6{,}19\overline{4}$; $8{,}\overline{428571}$

5. a) $0{,}\overline{5} > 0{,}55$ b) $4{,}35 > 4{,}3\overline{46}$ c) $0{,}\overline{4} = \frac{4}{9}$ d) $\frac{7}{20} = 0{,}35$

$2{,}3\overline{7} > 2{,}377$ $0{,}75 < 0{,}\overline{7}$ $\frac{5}{16} > 0{,}3125$ $5\frac{7}{11} > 5{,}6\overline{3}$

$0{,}756 < 0{,}\overline{7}$ $3{,}\overline{18} < 3{,}189$ $4\frac{3}{11} > 4{,}\overline{2}$ $20{,}\overline{5} < 20\frac{4}{7}$

6. a) $0{,}\overline{4} > 0{,}44 > 0{,}\overline{42} > 0{,}4\overline{2} > 0{,}42$ b) $0{,}\overline{9} > 0{,}99 > 0{,}9 > 0{,}0\overline{9} > 0{,}09$

c) $16{,}\overline{16} > 16{,}16 = 16{,}160 > 16{,}061$ d) $\frac{7}{9} > 0{,}77 > \frac{3}{4} > 0{,}73 > \frac{8}{11}$

7. a) 0,67 b) 0,53 c) 4,28 d) 1,73 e) 0,24 f) 7,05
g) 11,92 h) 0,11 i) 6,00

Zu Seite 64

8.a) $300 = 2 \cdot 2 \cdot 3 \cdot 5 \cdot 5$ $\Rightarrow \frac{11}{300}$ ist ein gemischtperiodischer Dezimalbruch; $\frac{11}{300} = 0{,}03\overline{6}$

b) $125 = 5 \cdot 5 \cdot 5$ $\Rightarrow \frac{4}{125}$ ist ein endlicher Dezimalbruch; $\frac{4}{125} = 0{,}032$

c) $\frac{25}{165} = \frac{5}{33}$; $33 = 3 \cdot 11$ $\Rightarrow \frac{5}{33}$ ist ein reinperiodischer Dezimalbruch; $\frac{5}{33} = 0{,}\overline{15}$

d) $180 = 2\cdot2\cdot3\cdot3\cdot5 \quad \Rightarrow \quad \frac{49}{180}$ ist ein gemischtperiodischer Dezimalbruch; $\frac{49}{180} = 0{,}27\overline{2}$

e) $\frac{86}{198} = \frac{43}{99}$; $99 = 3\cdot3\cdot11 \quad \Rightarrow \quad \frac{43}{99}$ ist ein reinperiodischer Dezimalbruch; $\frac{43}{99} = 0{,}\overline{43}$

9. a) $0{,}\overline{1}$; $0{,}\overline{2}$; $0{,}\overline{3}$; $0{,}\overline{4}$ b) $0{,}\overline{01}$; $0{,}\overline{02}$; $0{,}\overline{03}$; $0{,}\overline{04}$ c) $0{,}\overline{001}$; $0{,}\overline{002}$; $0{,}\overline{003}$; $0{,}\overline{004}$
Alle Brüche, deren Nenner 9, 99, 999, ... heißen, sind reinperiodische Dezimalbrüche.

10. a) $0{,}\overline{6}=\frac{6}{9}=\frac{2}{3}$ b) $0{,}\overline{030}=\frac{30}{999}=\frac{10}{333}$ c) $2{,}\overline{06}=2\frac{6}{99}=2\frac{2}{33}$ d) $0{,}\overline{333}=\frac{333}{999}=\frac{1}{3}$

$0{,}\overline{2}=\frac{2}{9}$ $\quad 0{,}\overline{297}=\frac{297}{999}=\frac{11}{37}$ $\quad 4{,}\overline{48}=4\frac{48}{99}=4\frac{16}{33}$ $\quad 4{,}\overline{126}=4\frac{126}{999}=4\frac{14}{111}$

$0{,}\overline{7}=\frac{7}{9}$ $\quad 0{,}\overline{009}=\frac{9}{999}=\frac{1}{111}$ $\quad 0{,}\overline{990}=\frac{990}{999}=\frac{110}{111}$ $\quad 8{,}\overline{63}=8\frac{63}{99}=8\frac{7}{11}$

$0{,}\overline{12}=\frac{12}{99}=\frac{4}{33}$ $\quad 0{,}\overline{066}=\frac{66}{999}=\frac{22}{333}$ $\quad 7{,}\overline{054}=7\frac{54}{999}=7\frac{2}{37}$ $\quad 7{,}\overline{005}=7\frac{5}{999}$

$0{,}\overline{75}=\frac{75}{99}=\frac{25}{33}$

11.a) $0{,}3\overline{6} = \frac{11}{30}$ $\quad 0{,}41\overline{6} = \frac{5}{12}$ $\quad 0{,}31\overline{8} = \frac{287}{900}$ $\quad 0{,}1\overline{3} = \frac{2}{15}$ $\quad 0{,}1\overline{6} = \frac{1}{6}$

b) $0{,}9\overline{81} = \frac{54}{55}$ $\quad 0{,}83\overline{45} = \frac{459}{550}$ $\quad 0{,}07\overline{72} = \frac{17}{22}$ $\quad 5{,}9\overline{81} = 5\frac{54}{55}$

Rechengesetze für positive rationale Zahlen

Zu Seite 65

1. a) $1\frac{7}{12}$ b) $1\frac{1}{60}$ c) 7,5 d) $\frac{2}{3}$ e) 1,4

$1\frac{7}{12}$ $\quad 1\frac{1}{60}$ $\quad$ 7,5 $\quad \frac{2}{3}$ $\quad$ 1,4

2.a) --- b) Das Kommutativgesetz gilt nicht für die Subtraktion.

3. a) $\frac{20}{21}$; $1\frac{1}{20}$ b) $1\frac{11}{45}$; $\frac{45}{56}$ c) 2; 0,5 d) 8; 0,125

4. a)

a	b	c	a+(b+c)	(a+b)+c	a+b+c
$\frac{2}{5}$	$\frac{7}{10}$	$\frac{11}{20}$	$1\frac{13}{20}$	$1\frac{13}{20}$	$1\frac{13}{20}$
$\frac{1}{4}$	$\frac{5}{12}$	$\frac{3}{8}$	$1\frac{1}{24}$	$1\frac{1}{24}$	$1\frac{1}{24}$
4,2	3,9	5,7	13,8	13,8	13,8

b)

a	b	c	(a·b)·c	a·(b·c)	a·b·c
$\frac{25}{48}$	$\frac{16}{35}$	$\frac{7}{10}$	$\frac{1}{6}$	$\frac{1}{6}$	$\frac{1}{6}$
$\frac{35}{36}$	$\frac{15}{55}$	$\frac{33}{49}$	$\frac{5}{28}$	$\frac{5}{28}$	$\frac{5}{28}$
6,8	0,5	2,6	8,84	8,84	8,84

5. a) $\frac{17}{90}<\frac{53}{90}$ b) $1<2\frac{1}{6}$ c) $\frac{15}{16}<3\frac{3}{4}$ d) $\frac{3}{4}<6\frac{3}{4}$ e) $3\frac{37}{60}>1\frac{13}{60}$ f) $0{,}05<0{,}3125$

Zu Seite 66

6. a) $1\frac{3}{10}$ b) $1\frac{5}{8}$ c) $1\frac{8}{13}$ d) $2\frac{1}{2}$ e) $6\frac{11}{49}$ f) $2\frac{4}{5}$

g) $4\frac{9}{10}$ h) $1\frac{3}{8}$ i) 12,96 k) $1\frac{3}{5}$ l) 2,7 m) 1,2

7.

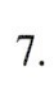

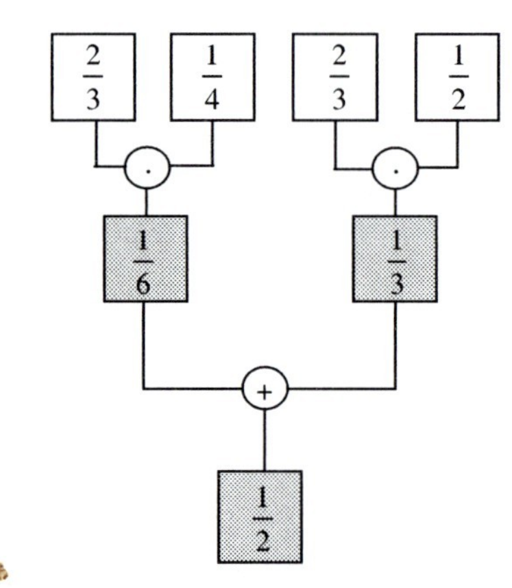

$$\frac{2}{3} \cdot \frac{1}{4} + \frac{2}{3} \cdot \frac{1}{2} = \frac{1}{2}$$

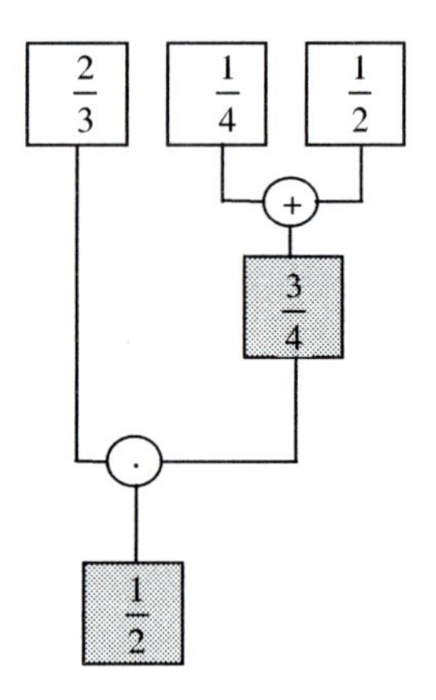

$$\frac{2}{3} \cdot \left(\frac{1}{4} + \frac{1}{2}\right) = \frac{1}{2}$$

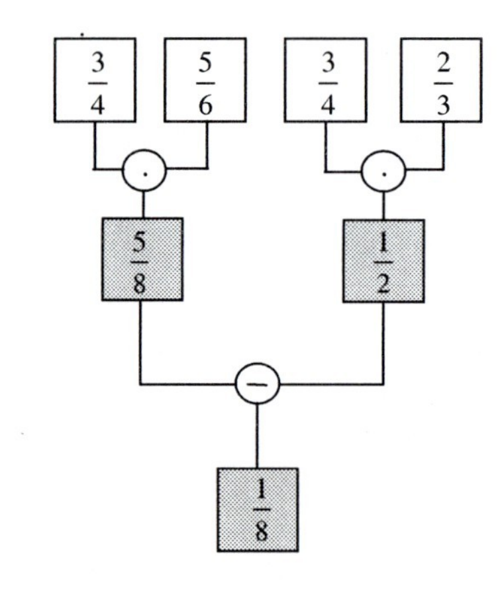

$$\frac{3}{4} \cdot \frac{5}{6} - \frac{3}{4} \cdot \frac{2}{3} = \frac{1}{8}$$

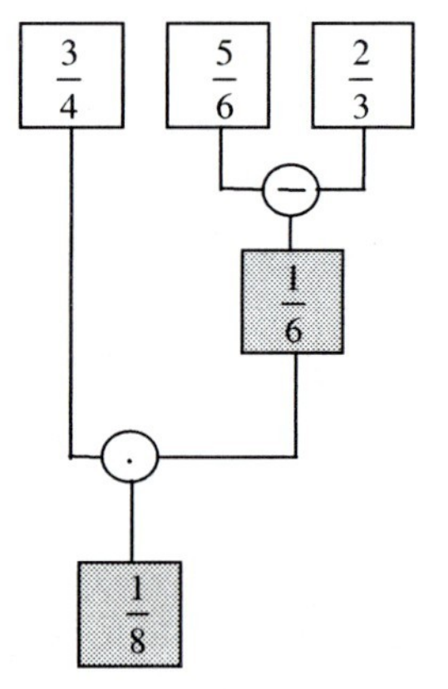

$$\frac{3}{4} \cdot \left(\frac{5}{6} - \frac{2}{3}\right) = \frac{1}{8}$$

8. a) $1\frac{17}{60}$ b) $\frac{15}{16}$ c) $\frac{17}{25}$ d) $\frac{119}{320}$ e) $\frac{13}{36}$ f) 2

g) $3\frac{1}{3}$ h) 20 i) $\frac{5}{27}$ k) 0 l) $\frac{237}{440}$ m) $\frac{1}{2}$

9. a) $4\frac{8}{15}$ b) $12\frac{1}{5}$ c) $15\frac{1}{2}$ d) $6\frac{1}{3}$ e) $9\frac{3}{5}$ f) $15\frac{5}{16}$

g) $12\frac{5}{6}$ h) $14\frac{7}{20}$ i) $35\frac{5}{12}$ k) $24\frac{4}{15}$

Vermischte Übungen

Zu Seite 67

1. a) 0,1; 2,3; 0,003; 0,0111; 3,21 b) 1,13; 97,9; 3,001; 8,9; 5,71; 4,308

2. $\frac{2}{5} = 0{,}4$; $\frac{7}{20} = 0{,}35$; $\frac{5}{4} = 1{,}25$; $\frac{7}{10} = 0{,}7$; $\frac{26}{20} = 1{,}3$; $\frac{11}{8} = 1{,}375$; $\frac{4}{25} = 0{,}16$; $\frac{3}{2} = 1{,}5$; $\frac{3}{5} = 0{,}6$;

$\frac{3}{4} = 0{,}75$; $\frac{1}{8} = 0{,}125$; $\frac{11}{10} = 1{,}1$

3.a) 17,401 > 17,041 > 17,033 > 17,030 > 17,003
b) 13,641 > 13,64 > 13,604 > 13,406 > 13,064
c) 9,9 > 9,804 > 9,480 > 9,408 > 9,040 > 9,004
d) 4,110 > 4,101 > 4,1 > 4,011 > 4,01 > 4,001

4.a) 25,4; 5,1; 0,4; 1,9; 0,9; 3,8; 8,4 (25,39; 5,14; 0,36; 1,95; 0,90; 3,76; 8,45)
b) 66,4; 8,5; 3,4; 40,0; 149,8; 247,8; 34,0 (66,36; 8,48; 3,45; 39,95; 149,83; 247,78; 33,99)

5. a) 138,025; 33,636; 205,237 b) 17,3; 435,611; 2,8979 c) 289,277; 7,432; 0,0106 d) 14,5888; 6,32712; 61,3655

6. a) 2,66; 52,22 b) 7,436; 18,58 c) 120,102; 193,22

7. 73,75 EUR

Zu Seite 68

8. a) L = {0,35}; L = {1,49}; L = {3,13} b) L = {4,41}; L = {7,12}; L = {27,33} c) L = {7,25}; L = {2,4}; L = {135} d) L = {5,29}; L = {12,04}; L = {3,328}

9. a) 0,2; 0,25 b) 0,5; 0,8 c) 0,4; 8 d) 1,7; 1,6 e) 0,75; 1,12

10. a) 19,84; 21,7; 7,83 b) 0,552; 4; 5 c) 114; 220,97; 3,001

11. a) 7,9; 5,3; 8 b) 12; 12,5; 32,20 c) 10,65; 120,2; 4

12. a) $(7{,}8 + 6{,}4) \cdot 0{,}55 = \mathbf{7{,}81}$ b) $(6{,}5 + 1{,}75) : (5 - 4{,}75) = \mathbf{33}$
c) $(1{,}2 : 0{,}75) \cdot (1{,}5 : 0{,}03) = \mathbf{80}$ d) $12 : 2{,}5 + 0{,}8 \cdot 0{,}6 = \mathbf{5{,}28}$
e) $3{,}68 \cdot 2{,}5 - (10{,}5 - 5{,}9) = \mathbf{4{,}6}$ f) $5{,}6 \cdot 3 - (20 - 7{,}1) = \mathbf{3{,}9}$

13. a) 71,12 x 4,13 (cm) b) 66,04 x 3,49 (cm)
c) 71,12 x 2,86 (cm) d) 60,96 x 4,45 (cm)

Zu Seite 69

14.a) Niko muss **10,4 EUR** bezahlen, der 20 – EUR – Schein reicht also leicht.
b) Lea kauft auch **4 Malblöcke**.
c) Die zur Verfügung stehenden 150 EUR reichen aus, dass alle 27 Schüler einen Malblock und einen Farbkasten erhalten (146,88 EUR).

15.a) Der Sieger fuhr duchschnittlich **42 km in der Stunde**.
b) Die Etappe war **252,2 km lang**.
c) Das Feld holt den Ausreißer in den 18 Minuten nicht ein, es kommt ihm nur 1,8 km näher.

16.a) Schlafzimmer: 15,04 m^2; Bad: 6,21 m^2
b) Kaufpreis für das Schlafzimmer: 37 600 EUR.
c) Etwa 0,06 = 6% der Gesamtwohnfläche betrug das Bad.
d) Monatlich müssten 1026 EUR zurückgelegt werden.

„Kn" a) 3 b) 1,25

Zu Seite 70

1.a) Wer viel telefoniert, nimmt wahrscheinlich Mobile Two, wer wenig telefoniert nimmt Mobile One.
Auch die Tageszeit spielt eine Rolle.
b) 30 Minuten kosten bei Mobile One 21 EUR, bei Mobile Two 19,20 EUR; Mobile Two ist also günstiger.
c) Mobile Two ist günstiger; man kann 74 Minuten telefonieren; bei Mobile One nur 62,5 Minuten.
d) In der Hauptzeit sind beide bei etwa 25 Minuten Gesprächszeit gleich, in der Nebenzeit sind beide bei etwa 50 Minuten Gesprächszeit gleich.
e) 20 SMS kosten 4 EUR, 50 min Gesprächszeit kosten 35 EUR, also zusammen 39 EUR.
f) Bis zu 90%
g) ---

2. a) 144,36 m^2 b) 125,28 m^3

3. a) $O = 149{,}52\ cm^2$ b) $V = 119{,}952\ cm^3$
c) $O = 245{,}52\ cm^2$;
$V = 261{,}392\ cm^3$

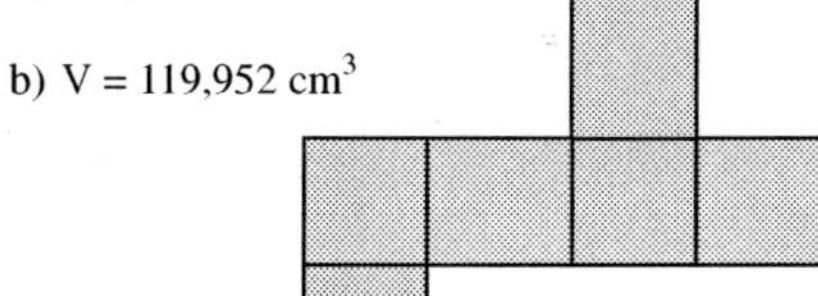

Therme Ardeo – Eintauchen und sich wohl fühlen

Zu Seite 71

a) Nicht richtig, da $\frac{1}{6} < \frac{1}{3}$.

b) Antwort C:= $\frac{1}{36}$

c) 3 877,5 EUR

d) 39 300 EUR

e) etwa 25 000

f) Mit dem Auto betragen die Kosten 48,21 EUR, mit der Bahn 46,50 EUR; das ist günstiger.

Daten auswerten – arithmetisches Mittel

Zu Seite 72

1. Methode: siehe grünes Feld zu Nr. 2; Bastian benötigt durchschnittlich für eine Runde 53,9 s.

2. a) 22,6 °C b) ---

Zu Seite 73

3.a) Durchschnittl. Körpergröße der Jungen: 160,5 cm; ... der Mädchen: 158,7 cm

b) ---

4. a) --- b) 3,36

5.a)

Anzahl der Personen im PKW	1	2	3	4	5
Anzahl der PKW	24	16	3	6	1

b) 1,88

Team 6 auf Mathe – Tour

Zu S. 74/75

Siehe *Laufzettel 2* am Ende des Lösungsheftes.

5 Geometrische Grundbegriffe

Zu Seite 76

1. Die Planeten liegen auf einer geraden Linie.

2. a) --- b) --- c) --- d) Die 4 Schnittpunkte bilden ein Rechteck.

3.

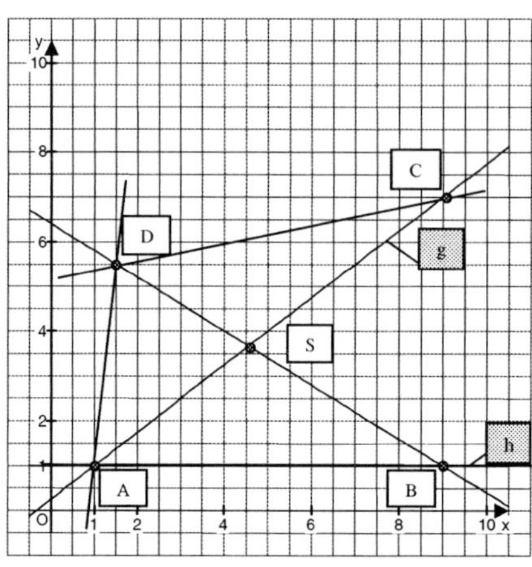

a) $P(5/4) \in g$; $Q(3/1) \in h$ b) $S(4{,}6/3{,}7)$ c) $[SC] \cap g = [SC]$; $[SC] \cap h = \emptyset$
$DA \cap CD = \emptyset$ ist falsch; Ergebnis: $\{D\}$

Punkte und Punktmengen

Zu Seite 77

4.

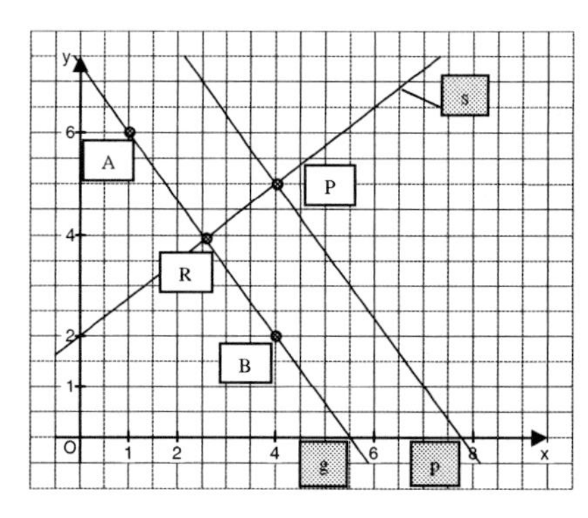

a) --- b) --- c) $R(2{,}5/3{,}9)$; $g \cap p = \emptyset$, da $g \parallel p$.

5. a) --- b) $[AB] \cap [EG] = [EB]$ c) $[AB] \cup [EG] = [AG]$

6. a) --- b) $E \in EC$; $[DF] \not\subset [FC]$; $[DC] \cap [AB] = \{P\}$; $F \in CD$; $[EB] \subseteq [AB]$

„Kn“ a) falsche Aussage b) gleiche x – Werte: Parallele zur y – Achse
gleiche y – Werte: Parallele zur x – Achse

Zu Seite 78

1. $g \cap k = \{P; Q\}$ $\qquad$ $g \cap k = \{Q\}$ $\qquad$ $g \cap k = \emptyset$

2. ---

3.

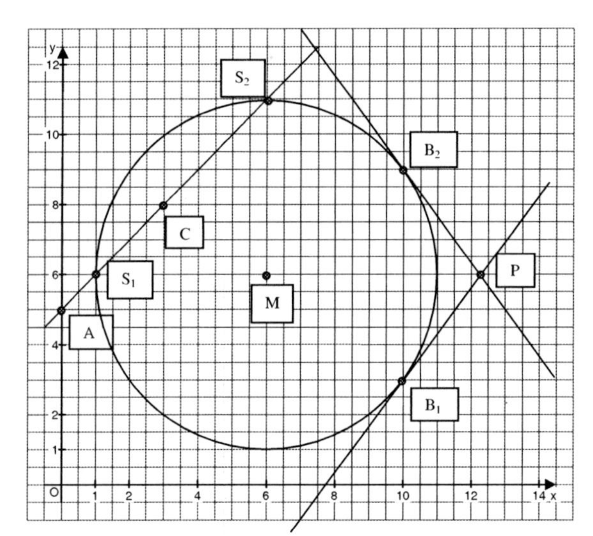

a) $S_1(1/6)$; $S_2(6/11)$

b) (2/3); (3/2); (6/1); (9/2); (10/3); (11/6); (10/9); (9/10); (3/10); (2/9)

c) $B_1(10/3)$; $B_2(10/9)$

d) P(12,25/6); keinen Schnittpunkt der Tangenten gibt es für die Berührungspunkte (6/1) und (6/11)

4. a) **Wahr** sind die Aussagen **B** und **C**.

5. a) 4 Schnittpunkte $\qquad$ b) --- $\qquad$ c) ---

Zu Seite 79

6. --- $\qquad$ 7. ---

8.a) ---

b)

Geraden	Schnittpunkte
2	1
3	3
4	6
5	10
6	15
7	21
8	28
9	36
10	45

bei **20** Geraden: s = 1 + 2 + 3 + 4 + 5 + 6 + ... + *19* = **190** Schnittpunkte

„Kn“

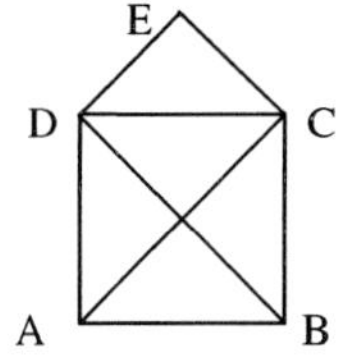

$A \to D \to B \to A \to C \to D \to E \to C \to B$

Abstand

Zu Seite 80

1. Die kürzeste Verbindungsstrecke ist [PC] $\perp$ g

2. ---

Zu Seite 81

3.

	P	Q	R	S	T	U
Abstand in mm	11	11	11	11	14	16

4.a) d(A; g) = 3,1 cm; d(B; g) = 1,0 cm
b) d(A; g) = 3,8 cm; d(B; g) = 2,1 cm; d(C; g) = 2 cm
c) Der Abstand der beiden Geraden g und h beträgt 5,3 cm.
d) Der Abstand der beiden Geraden g und h beträgt 2,2 cm.

5. ---
6. ---

7. Senkrecht auf den Beckenrand zu

„Kn“ Beide Antworten: nein

Halbebenen

Zu Seite 82

1. ---

2. $A \notin H_1$; $[AB] \not\subset H_1$; $C \notin H_1$; $D \in H_1$; $D \in H_2$; $E \in H_1$; $E \notin H_2$; $[CD] \subseteq H_2$

3.a) Siehe nächste Seite !
b) 1. Fall: $C \in H_1$: C(4/**3**); C(4/**4**); C(4/**5**); C(4/**6**); y = 3; 4; 5; 6
2. Fall: $C \in H_2$: C(4/**3**); C(4/**4**); C(4/**5**); y = 3; 4; 5
3. Fall: $C \in H_2$ und $C \in H_3$: C(4/**3**); C(4/**4**); y = 3; 4

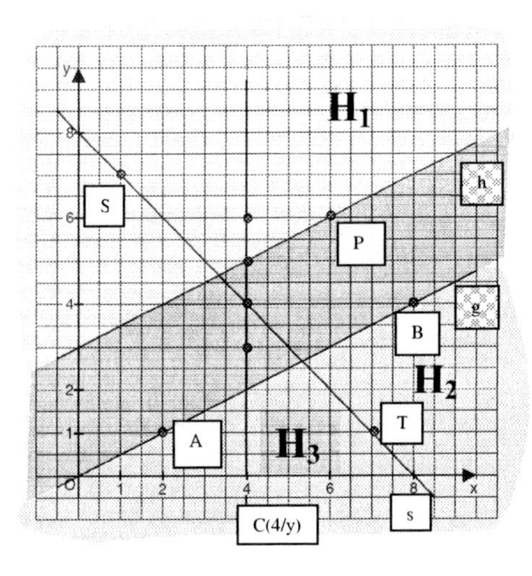

Winkel

Zu Seite 83

1. ---

2. 3 farbig markierte Winkel: 1. Winkel, Schenkel: [LA und [LB
   2. Winkel, Schenkel: [LB und [LC
   3. Winkel, Schenkel: [LC und [LD

3.

	Scheitelpunkt	Schenkel
a)	A	[AB und [AC
b)	H	[HP und [HQ
c)	S	[SE und [SF

Zu Seite 84

4. a) 15 min b) 25 min c) 35 min d) 50 min

5. Der Schenkel b wird entgegen dem Uhrzeigersinn auf a gedreht.

6. ---

Winkelmaße bestimmen

Zu Seite 85

1. a) 90^0 b) 180^0 c) 45^0 d) 45^0 e) 90^0 f) 90^0

2. ---

Winkel messen und zeichnen

Zu Seite 86

1. ---

2.a) $\alpha = 70^0$ $\beta = 90^0$ $\gamma = 170^0$ $\delta = 35^0$ $\varepsilon = 95^0$ $\varphi = 53^0$

b) $\alpha = 75^0$ $\beta = 20^0$ $\gamma = 25^0$ $\delta = 105^0$ $\varepsilon = 40^0$ $\varphi = 27^0$

Zu Seite 87

3. ---
4. ---

5.a) ---

b) ---

c) $\alpha = 250^0$ $\beta = 230^0$ $\gamma = 325^0$ $\delta = 345^0$ $\varepsilon = 235^0$ $\varphi = 295^0$

Zu Seite 88

6. ---

7.a) ---

b)

Winkel	α	φ	γ	δ	ε	ω
Winkelart	spitzer W.	spitzer W.	rechter W.	spitzer W.	spitzer W.	spitzer W.
gemessen in Grad	33	3	90	17	73	32

c) ---

Zu Seite 89

8. 180^0

9. ---

10.

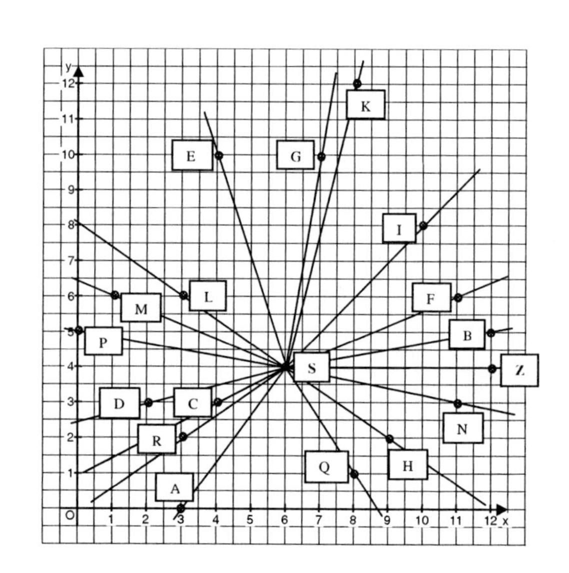

Lösungswort: **B E H A I M**

11. Der Baum ist 10 m hoch.

12. a) 37^0 b) 10^0

Orientieren auf dem Meer

Zu Seite 90

1. Ende des großen Wagens etwa mal 5 führt zum Polarstern; (Spitze des kleinen Wagens)

2. Lösung in der Vollkreisrose nebenan

3. ---

Zu Seite 91

4. in Richtung der Tonne T3: 270^0 (H9: 90^0)

5.a) T3→T4: **30^0**; T4→T6: **115^0**; T6→T8: **35^0**; T8→T10: **180^0**; T10→Feuerschiff: **290^0**
b) Feuerschiff→P8: **135^0**; Feuerschiff→P3: **120^0** (tatsächlicher Kurs); Ursache: Westwind

---

Neben- und Scheitelwinkel

Zu Seite 92

1. a) Gegenüberliegende Winkel sind gleich groß b) ---

2. $\beta = 120^0$; $\gamma = 60^0$; $\delta = 120^0$

3.a)	$\alpha = 50^0$				
b)	$\alpha = 105^0$	$\beta = 30^0$	$\gamma = 45^0$	$\delta = 105^0$	
c)	$\alpha = 20^0$	$\beta = 55^0$	$\gamma = 105^0$	$\delta = 20^0$	
d)	$\alpha = 107^0$	$\beta = \delta = 10^0$	$\gamma = 63^0$		
e)	$\alpha = 36^0$	$\beta = 110^0$	$\gamma = 14^0$	$\delta = 20^0$	$\varepsilon = 110^0$

Vermischte Übungen

Zu Seite 93

1.a)	S(6/1)	$\measuredangle ASC = 84^0$	$\measuredangle CSA = 276^0$
b)	S(7/3)	$\measuredangle ASC = 90^0$	$\measuredangle CSA = 270^0$

2.a)	F_P (1,5/4,5)	F_Q(17,7/2,2)
b)	d(P; AB) = 9,6 LE	d(Q; AB) = 1,8 LE

3. $\alpha = 25^0$ $\beta = 55^0$ $\gamma = 100^0$ $\delta = 55^0$

4. **B**:= $\alpha = 18^0$

5. $\sphericalangle ASB = 25^0$

6. $\beta = 37^0$ $\gamma = 143^0$

7. $\alpha = 120^0$ $\beta = 60^0$ ($\alpha = 135^0$ $\beta = 45^0$)

8. a) $\alpha = 110^0$ $\beta = 70^0$ b) $\alpha = 50^0$ $\beta = 130^0$ c) $\alpha = 58^0$ $\beta = 122^0$

Punktmengen am Kreis

Zu Seite 94

1. $\overline{PQ} < \overline{ST}$

2. ---

3. ---

4.a) ---
b) [BC] ist eine Sehne. $\overline{BC} = 2{,}7$ cm oder $\overline{BC} = 5{,}95$ cm
c) Mit 2 cm Länge: ja, mit 7 cm Länge: nein.

5. ---

Zu Seite 95

6. $\sphericalangle AMB = 74^0$; $\sphericalangle BMC = 196^0$; $\sphericalangle CMD = 74^0$; $\sphericalangle DMA = 16^0$

7. ---

8. $\overline{PQ} = 4{,}9$ cm $\varphi = 108^0$

9. ---

10. a) 6 Sektoren, $\varphi = 60^0$ 16 Sektoren, $\varphi = 22{,}5^0$ b) ---

11. ---

Team 6 auf Mathe – Tour

Zu Seite 96/97

Siehe *Laufzettel 3 am Ende des Lösungsheftes.*

6 Gleichungen und Ungleichungen

Zu Seite 98

1.a) Länge der Lok + Anzahl der Reisezugwagen mal Länge der Wagen
b) ---
c) $19 + 12 \cdot 26 = 331$; der IC – Zug ist 331 m lang.

Terme

Zu Seite 99

2. Numerische Wertetabelle:

x (Anzahl der Wagen)	4	5	6
$19 + 26 \cdot x$ (Zuglänge in m)	123	149	175

Graphische Wertetabelle:

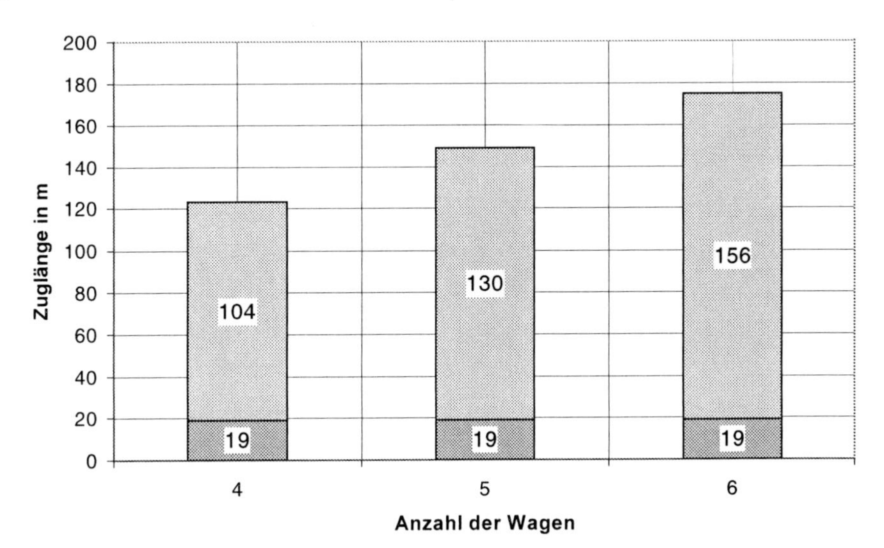

3. Der Nenner darf nicht Null sein; man kann nicht durch Null dividieren.

4.a) $87 + 45 \cdot x$ (Gesamtgewicht in t); $G = \{0; 1; 2; ... 8\}$

b) Numerische Tabelle:

x (Anzahl der Wagen)	3	4	5	6
$87 + 45 \cdot x$ (Gewicht in t)	222	267	312	357

Graphische Tabelle:

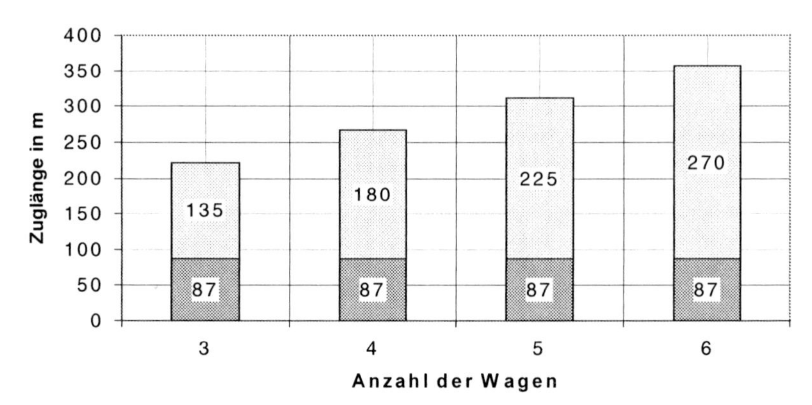

c) D = G

5.a) $D = \{1; 2; 3; 4\}$

x	1	2	3	4
Wert	12	6	4	3

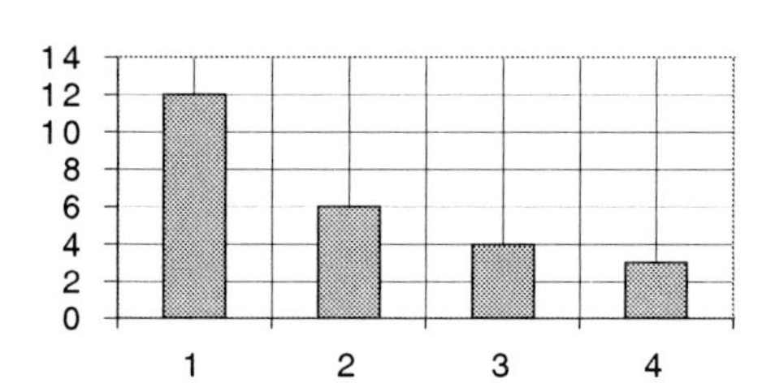

b) $D = \{1; 2; 3; 4\}$

x	1	2	3	4
Wert	18	4,5	2	1,125

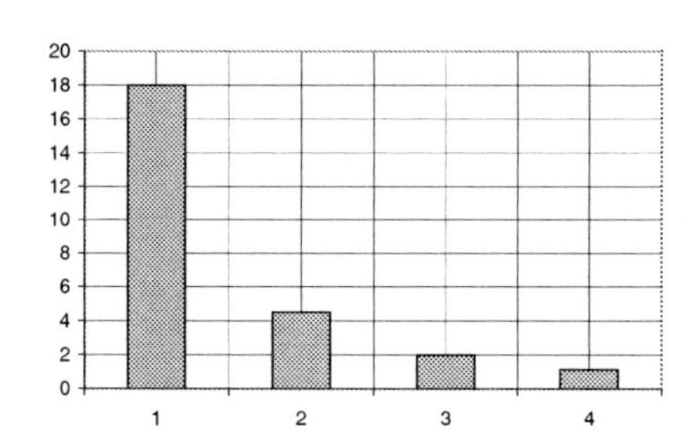

c) $D = G$

x	0	1	2	3	4
Wert	0	0,375	0,75	1,125	1,5

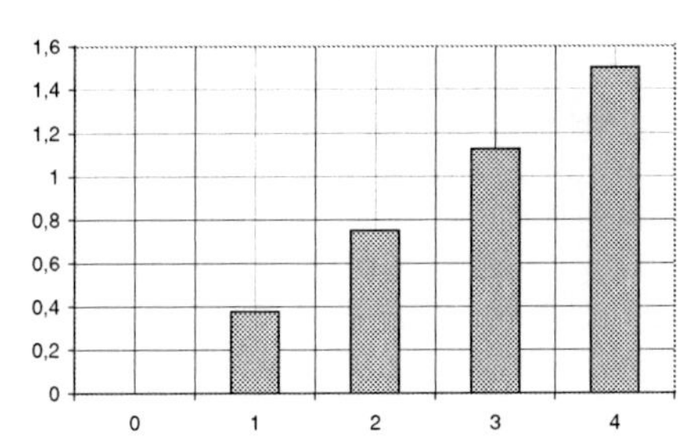

d) $D = \{0; 1; 2; 3\}$

x	0	1	2	3
Wert	1,5	2	3	6

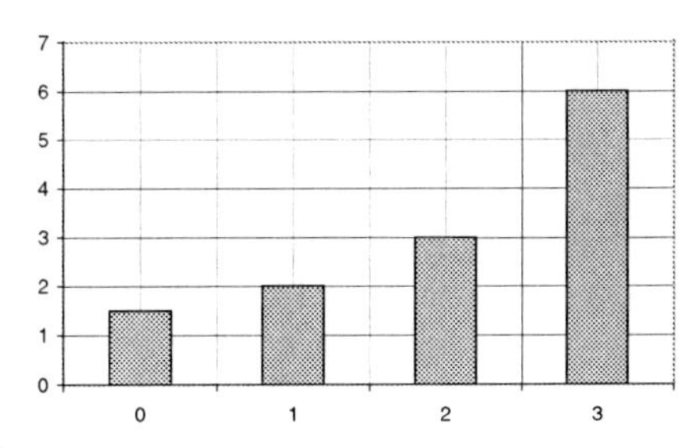

e) $D = G$

x	0	1	2	3	4
Wert	3	2,2	1,7	1,3	1

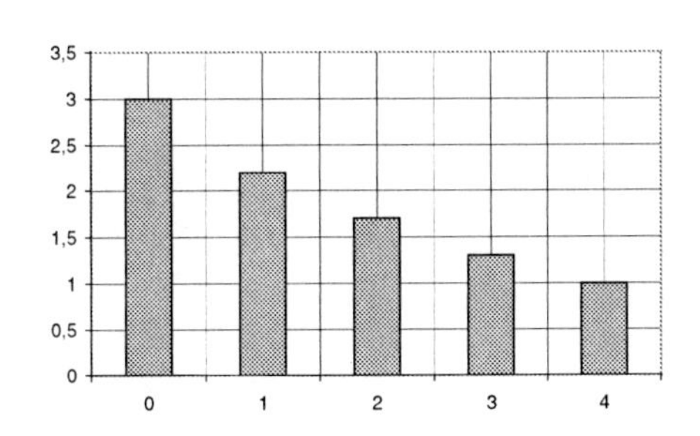

f) $D = \{1; 2; 3\}$

x	1	2	3
Wert	1,7	1,5	2,3

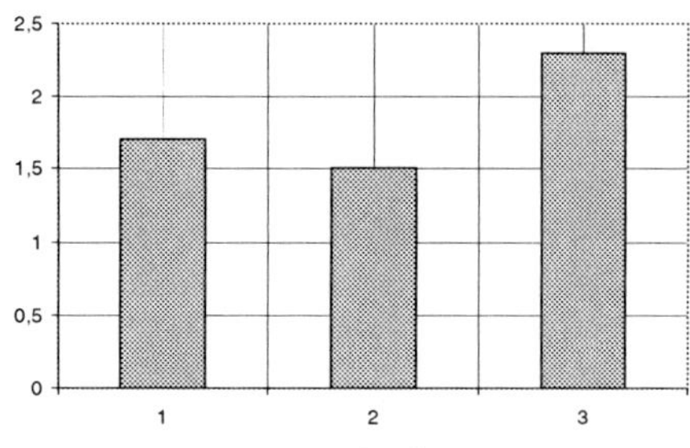

6. a) **B** → D_2 b) **C** → D_3 c) **A** → D_1

Äquivalente Terme

Zu Seite 100

1.a) Die Terme sind richtig.

x	1	2	3	4	5	6
(5+x+4)·2	20	22	24	26	28	30
5+x+4+x+5+4	20	22	24	26	28	30

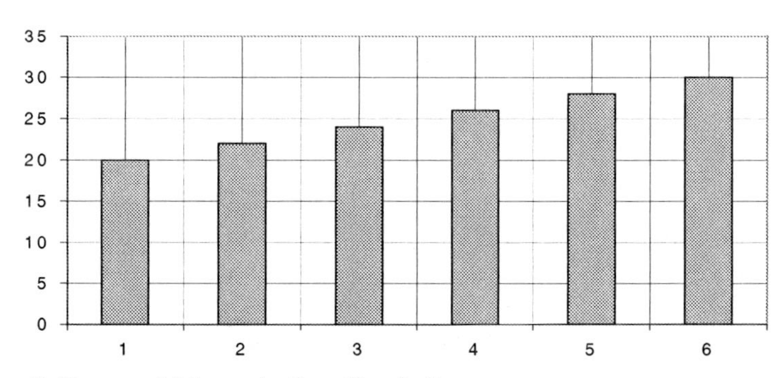

Man kann die Terme auch kürzer schreiben: $(9 + x) \cdot 2$

b) Richtig sind **B** → $20 + 4 \cdot x$ und **D** → $(5 + x) \cdot 4$

2. a) $2 \cdot x + 2 \cdot x = 4 \cdot x$ b) $5 \cdot x + 3 \neq 3 \cdot x + 5$ c) $4 \cdot x - 48 = 4 \cdot (x - 12)$
d) $4 \cdot x^2 \neq 2 \cdot x + 2 \cdot x$ e) $3 \cdot (x \cdot 4) = 12 \cdot x$ f) $5 \cdot (x \cdot 3 \cdot y) = 15 \cdot x \cdot y$

3. a) $3 \cdot x + 2$ b) $x^2 - 1$ c) $2 \cdot x + 3$

4. $x^2 + 1$

Gleichungen und Ungleichungen

Zu Seite 101

1.a) $11 \cdot x + 20 = 163$; $x = 13$; der Zug hat 13 Wagen.
b) $11 \cdot x + 20 = 130$; $x = 10$; der Zug hat 10 Wagen.

2.a) $11 \cdot x + 20 = 141$; $x = 11$
$11 \cdot x + 20 = 119$; $x = 9$
$11 \cdot x + 20 = 207$; $x = 17$
b) Wenn die Lok gleich bleibt, müssten die Wagen zusammen 80 m lang sein. Das ist aber nicht möglich bei einer Wagenlänge von 11 m.
c) $88 + 13{,}3 \cdot x$
d)

Anzahl der Wagen	1	2	3	4	5	6	7	8	9	10
Gewicht des Zuges in t	101,3	114,6	127,9	141,2	154,5	167,8	181,1	194,4	207,7	221

e) 141,2 t → 4 Wagen; 181,1 t → 7 Wagen; 221 t → 10 Wagen

3. ---

„Kn" Nein! Ausgabe: 20 EUR ⇒ er spart 5 EUR; Ausgabe 10 EUR ⇒ er spart 15 EUR.

Ungleichungen

Zu Seite 102

1. ---

2. a) $L = \{0; 1; 2\}$ b) $L = \{25; 30\}$ c) $L = \{5; 6; 7; ...; 11\}$
d) $L = \varnothing$ e) $L = \{25; 30; 35; ...\}$ f) $L = \{0; 1\}$
g) $L = \{28; 29; 30; ...\}$ h) $L = \{10; 11; 12; ...; 19\}$

3. $11 \cdot x + 20 \leq 130$; $L = \{1; 2; 3; ...; 11\}$

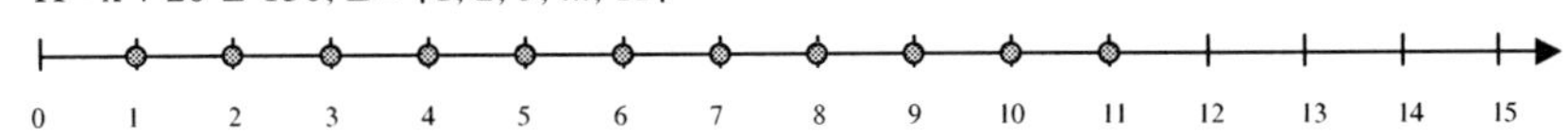

4. $47 \cdot x \leq 300$; $G = \mathbb{N}$; $L = \{1; 2; 3; ...; 6\}$; für 3 EUR kann man höchstens 6 Hefte kaufen.

Äquivalente Gleichungen und Ungleichungen

Zu Seite 103

1. ---

2. a) richtig b) richtig c) richtig

3. a) nicht äquivalent b) nicht äquivalent c) äquivalent

4.a) $7 + y = 22$ ist äquivalent zu $18 - y = 3$; $L = \{15\}$
b) $x - 2{,}3 \leq 12{,}6$ ist äquivalent zu $2 \cdot x < 20$; $L = \{3; 6; 9\} = G$

c) $x \cdot 2{,}7 = 14{,}31$ ist äquivalent zu $1 + x = 6{,}3$; $L = \{5{,}3\}$
d) $27 - z > 14$ ist äquivalent zu $2 \cdot x < 25$; $L = \{2; 4; 6; ...; 12\}$
e) $3 + a + 2 = 9$ ist äquivalent zu $13 - a = 9$; $L = \{4\}$
f) $2{,}5 + y - 1 > 5$ ist äquivalent zu $6 \cdot y > 21$; $(L = \{y \mid y > 3{,}5 \text{ und } y \in Q_0^+)$

Einfache Gleichungen

Zu Seite 104

1.a) 4 Gewichtsstücke halten das Gleichgewicht.
b) Auf beiden Seiten wurden 2 Gewichtsstücke weggenommen.
c) $x + 3 \boxed{-3} = 5 \boxed{-3}$; $x = 3$

2.a) $x + 4 \boxed{-4} = 10 \boxed{-4}$; $x = 6$
b) $x + 2 \boxed{-2} = 8 \boxed{-2}$; $x = 6$
c) $12 \boxed{-12} + x = 28 \boxed{-12}$; $x = 16$
d) $10 \boxed{-10} + x = 10 \boxed{-10}$; $x = 0$

3.a) $x - 4 \boxed{+4} = 3 \boxed{+4}$; $x = 7$
b) $x - 12 \boxed{+12} = 8 \boxed{+12}$; $x = 20$
c) $x - 8 \boxed{+8} = 15 \boxed{+8}$; $x = 23$

4. a) $L = \{5{,}2\}$ b) $L = \{11{,}7\}$ c) $L = \{2{,}1\}$ d) $L = \{0{,}7\}$ e) $L = \{13{,}4\}$
f) $L = \{1{,}9\}$ g) $L = \{2{,}1\}$ h) $L = \{16{,}9\}$ i) $L = \{74\}$ k) $L = \{0{,}4\}$

Zu Seite 105

1.a) Auf jeder Waagschale befindet sich nur noch der 3. Teil von vorher.
b) Jede Seite der Gleichung wurde durch 3 dividiert.
c) $\frac{2}{\boxed{2}} \cdot x = \frac{8}{\boxed{2}}$; $x = 4$;

2.a) $3 \boxed{:3} \cdot x = 12 \boxed{:3}$; $x = 4$

b) $6 \boxed{:6} \cdot x = 48 \boxed{:6}$; $x = 8$

3.a) $\frac{1}{2} \boxed{\cdot \frac{2}{1}} \cdot x = 7 \boxed{\cdot \frac{2}{1}}$; $x = 14$

b) $\frac{1}{3} \boxed{\cdot \frac{3}{1}} \cdot x = 9 \boxed{\cdot \frac{3}{1}}$; $x = 27$

4. $9 \cdot x = 27$; $6 \cdot x = 18$; $L = \{3\}$; die Gleichungen sind äquivalent.

$0 \cdot x = 0$; *Mit **0** darf man nicht multiplizieren!*

5. a) $x = 13$ b) $x = 3{,}5$ c) $x = 31$ d) $x = 222$
$x = 13$ $x = 6{,}4$ $x = 7{,}25$ $x = 300$
$x = 26{,}5$ $x = 14$ $x = 450$ $x = 258$

Zu Seite 106

1\. Zuerst wurde auf jeder Seite **ein** Gewichtsstück weggenommen, dann jede Seite durch 2 dividiert.

2\. a) $x = 2$ b) $x = 7$ c) $x = 3$ d) $x = 6$
$x = 5$ $x = 6$ $x = 5$ $x = 5$

3.a) ---
b) $x = 3$ $x = 7$
$x = 4$ $x = 6$
$x = 9$ $x = 5$

4\. **G = $\mathbb{N}$**

a) $x = 2; L = \{2\}$ b) $x = 5{,}5; L = \emptyset$ c) $x = 1\frac{3}{4}; L = \emptyset$ d) $x = 10; L = \{10\}$

$x = 2{,}5; L = \emptyset$ $x = 4; L = \{4\}$ $x = 1; L = \{1\}$ $x = 3\frac{3}{5}; L = \emptyset$

$G = \mathbb{Q}_0^+$

a) $L = \{2\}$ b) $L = \{5{,}5\}$ c) $L = \left\{1\frac{3}{4}\right\}$ d) $L = \{10\}$

$L = \{2{,}5\}$ $L = \{4\}$ $L = \{1\}$ $L = \left\{3\frac{3}{5}\right\}$

5\. **$G = \mathbb{Q}_0^+$**

a) $L = \{12{,}5\}$ b) $L = \{1\}$ c) $L = \left\{8\frac{2}{3}\right\}$ d) $L = \{4\}$

e) $L = \{6\}$ f) $L = \{2\}$ g) $L = 24{,}2$ h) $L = 7{,}64$

i) $L = \{111{,}5\}$ k) $L = \left\{\frac{3}{4}\right\}$

6\. a) $\frac{1}{5} \cdot x = 1\frac{2}{3}; x = 8\frac{1}{3}$; die Zahl heißt $8\frac{1}{3}$. b) $x - \frac{3}{4} = \frac{10}{21}; x = 1\frac{19}{84}$; die Zahl heißt $1\frac{19}{84}$.

Zahlenrätsel

Zu Seite 107

1\. $x = 5$; die gedachte Zahl heißt 5.

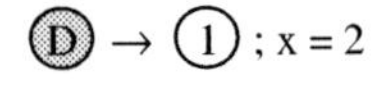

2.a) Ⓐ → ②; $x = 3$ Ⓑ → ③; $x = 3$ Ⓒ → ④; $x = 7$ Ⓓ → ①; $x = 2$

b) Ⓐ → ④; $x = 3$ Ⓑ → ②; $x = 12$ Ⓒ → ③; $x = 4$ Ⓓ → ①; $x = 2$

3\. a) $x \cdot 8 + 12 = 60; x = 6$ b) $x \cdot 11 - 9 = 35; x = 4$
c) $15 + 2 \cdot x = 29; x = 14$ d) $5 \cdot x - 45 = 12; x = 11{,}4$

4\. a) $x = 3$ b) $x = 5$ c) $x = 3$

Vermischte Übungen

Zu Seite 108

1. a) Es muss die ganze Seite dividiert werden. b) richtig

2. a) $L = \{12\}$ b) $L = \{21\}$ c) $L = \{27\}$ d) $L = \{56\}$

   e) $L = \{28\}$ f) $L = \{5\}$ g) $L = \left\{45\frac{1}{2}\right\}$ h) $L = \left\{24\frac{3}{4}\right\}$

   i) $L = \left\{17\frac{1}{2}\right\}$ k) $L = \left\{16\frac{1}{2}\right\}$

3. a) $L = \{4\}$ b) $L = \{15\}$ c) $L = \{28\}$ d) $L = \{28\}$
   e) $L = \{1{,}26\}$ f) $L = \{15\}$ g) $L = \{7{,}95\}$ h) $L = \{4{,}2\}$

4. a) $L = \{29{,}5\}$ b) $L = \{2\}$ c) $L = \{24\}$ d) $L = \{4\}$
   e) $L = \{56\}$ f) $L = \{5\}$

5. a) $l = \{5\}$ b) $x = 6{,}5;\ L = \varnothing$ c) $x = 0;\ L = \varnothing$ d) $L = \{27\}$

6. a) $z = 2\frac{3}{4};\ L = \varnothing$ b) $y \leq 2$

   c) $x > 3{,}5;\ L = \{4;\ 5;\ 6;\ ...\}$

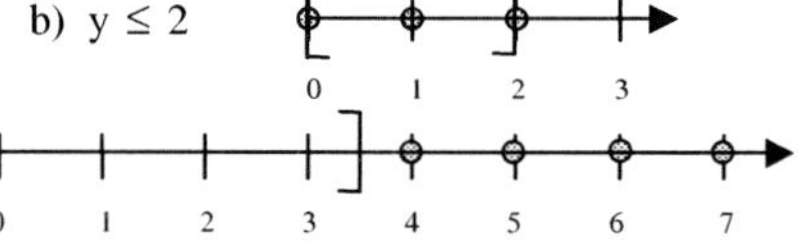

   d) $z = 1{,}7;\ L = \varnothing$

7. a) $G = Q_0^+$ b) $G = \mathbb{N}_0$ c) $G = Q^+$

8.a) $G = \mathbb{N}_0;\ x \leq 8;\ L = \{0;\ 1;\ 2;\ ...;\ 8\}$

$G = Q_0^+;\ x \leq 8$

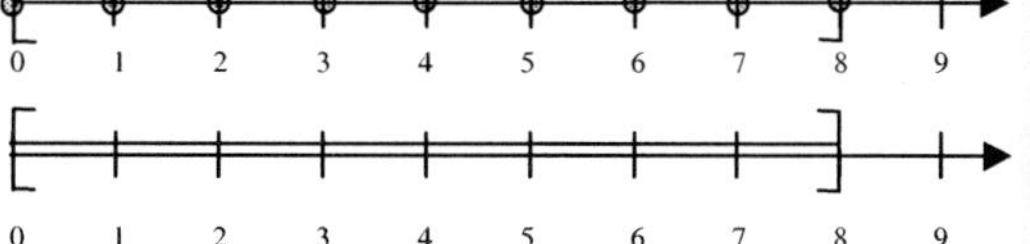

8.b) $G = \mathbb{N}_0;\ x < 2;\ L = \{0;\ 1\}$

$G = Q_0^+;\ x < 2$

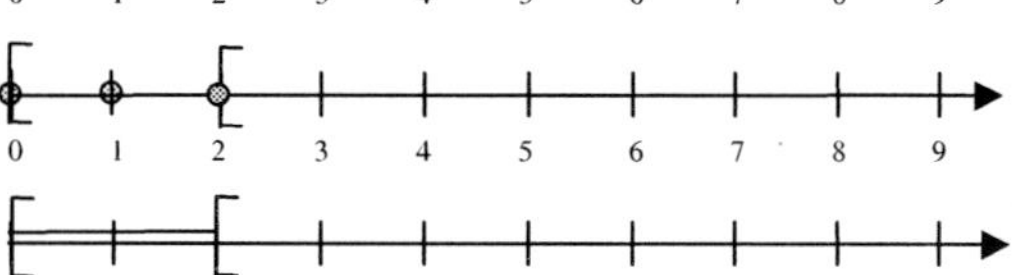

8.c) $G = \mathbb{N}_0;\ y > 3{,}5;\ L = \{4;\ 5;\ 6;\ ...\}$

$G = Q_0^+;\ y > 3{,}5$

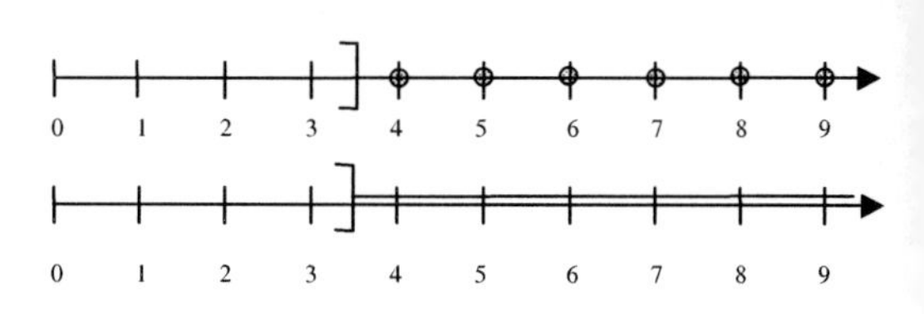

8.d) $G = \mathbb{N}_0$; $y \geq 3$ und $y \leq 8$; $L = \{3; 4; 5; \dots; 8\}$

$G = Q_0^+$; $y \geq 3$ und $y \leq 8$

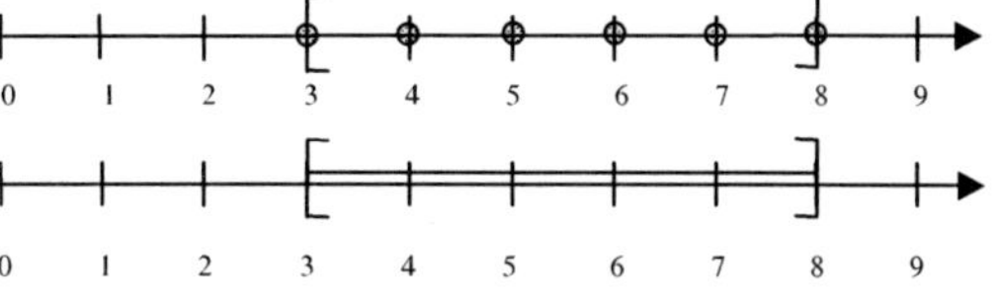

Gleichungen aufstellen

Zu Seite 109

1. a) $1{,}20 + x \cdot 0{,}80 = 4{,}40$; $x = 4$; Dennis kauft noch 4 kleine Aufkleber.
   b) $1{,}20 + x \cdot 0{,}80 = 3{,}60$; $x = 3$; Paula kauft noch 3 kleine Aufkleber.
   c) $(1{,}20 + 0{,}80) \cdot x = 6$; $x = 3$; Herr Färber hat 3 Kinder.

2.a) Arne: x
Laura: $x + 2$
Katrin: $2 \cdot x$ Ergebnis: 22; Gleichung: $x + x + 2 + 2 \cdot x = 22$

b) $x = 5$ Arne erhält 5 EUR, Laura erhält 7 EUR und Katrin erhält 10 EUR.

3.a) ---
b) Quader I: $V = 810\ \text{cm}^3$; Quader II: $V = 1\,150\ \text{cm}^3$
c) Quader I: $4 \cdot x = 21$; Quader II: $4 \cdot x = 29{,}7$
d) Quader I: $x = 5{,}25$ cm Quader II: $x = 7{,}425$ cm
e) Quader I: $V = 819\ \text{cm}^3$ Quader II: $V = 1\,158\ \text{cm}^3$

f) Quader III: $x = 3{,}5$ cm; $V = 728\ \text{cm}^3$; $V(I) - V(III) = 91\ \text{cm}^3$
g) $4 \cdot x + 1 = 21$; $x = 5$; die Seitenlänge beträgt nun 5 cm.

---

7 Direkte Proportionalität

Zu Seite 110

1. ---

2.a)

Tier	Katze	Delphin	Krokodil	Anakonda
Körperlänge in m	0,5	4	6	9

b)

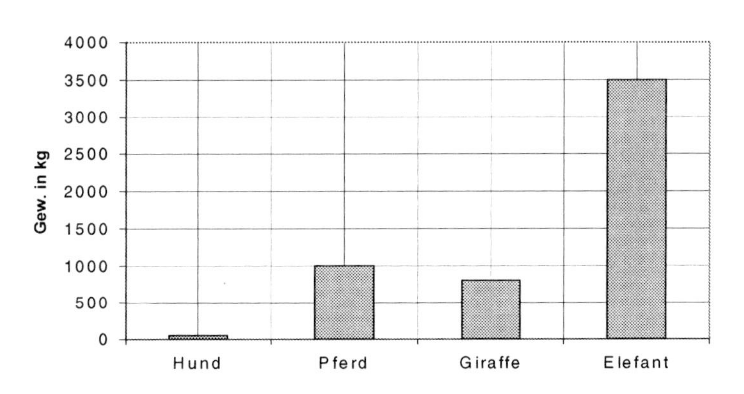

Zuordnungen und Darstellungen

Zu Seite 111

1. a) Strecke Höhe
   2 km 360 m
   18 km 560 m
   22 km 240 m

   b) 610 m; 17 km

   c) 100 m

2.a)

Weg (km)	0	1,4	2,3	3,5	4	4,4	4,85	5,3	6,1	6,8	7,1	7,55	8,3	8,6	8,95	9,3	9,8	10,5	12,1
Höhe (m)	300	250	200	200	250	300	350	400	450	500	450	400	350	300	250	200	150	100	50

b)

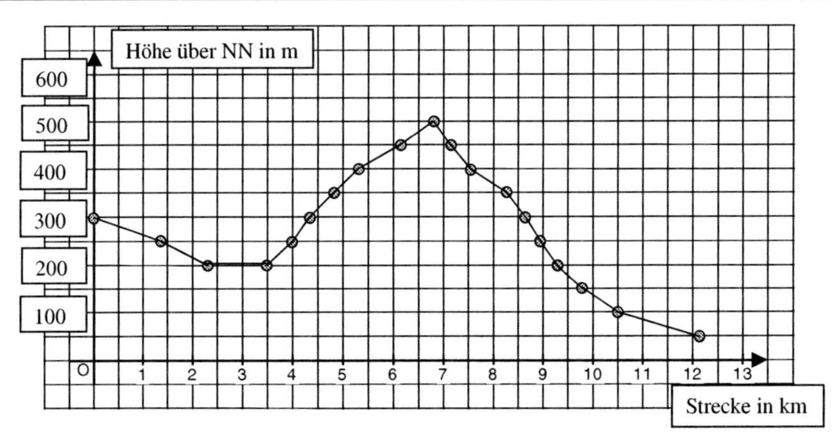

Direkte Proportionalität

Zu Seite 112

1.

Pedalumdrehungszahl	Weg in m
1	1,7
2	3,4
3	**5,1**
4	**6,8**

2. ---

3. a) {(2/8); (4/**16**); (**0,5**/2)} b) {(5/12); (**2,5**/6); (7,5/**18**)}

4. a)

x	6	9	**12**	**20**	40	**96**	**180**
y	1,5	**2,25**	3	5	**10**	24	45

b)

x	**1**	2,5	5	**8,8**	9,6	**13,6**	22
y	2,5	6,25	**12,5**	22	**24**	34	**55**

Eigenschaften der direkten Proportionalität

Zu Seite 113

1. Der Wert ändert sich nicht.

2. a) *Stückzahl → Preis*

Anzahl	Preis (EUR)
7	4,90
1	**0,70**

Maßzahl des Preises pro Stückzahl

b) *Telefoneinheiten → Gebühren*

Einheiten	Gebühr (EUR)
400	21,16
1	**0,0529**

Maßzahl der Gebühr pro Einheit

c) *Personenzahl → Eintritt*

Anzahl	Eintritt (EUR)
4	26
1	**6,5**

Maßzahl des Eintrittspreises pro Person

d) *Stofflänge → Preis*

Länge (m)	Preis (EUR)
12	225,60
1	**18,80**

Maßzahl des Preises pro Meter

e) *Arbeitszeit → Gehalt*

Zeit (h)	Gehalt (EUR)
20	257,60
1	**12,88**

Maßzahl des Gehaltes pro Arbeitsstunde

f) *Fahrstrecke → Benzin*

Strecke (km)	Volumen (l)
400	26,8
1	**0,067**

Maßzahl des Volumens pro km Weg

3.

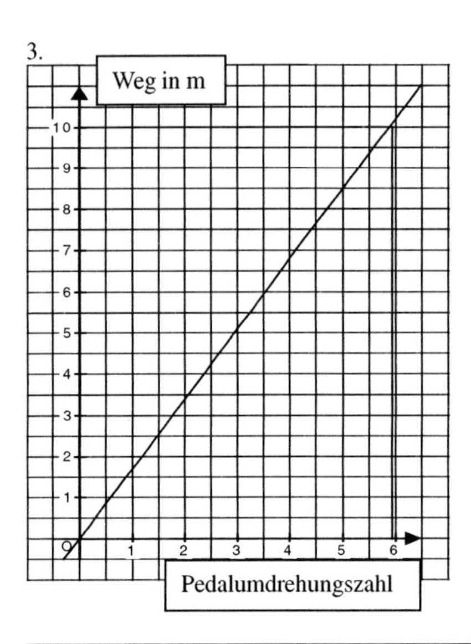

10 m → fast **6** Umdrehungen

Direkte Proportionalität

Zu Seite 114

1. a) 20 b) 10 c) 9,60 d) 11 e) 0,60 :7 f) 0,70 :9

2. a)

Preis (EUR)	Masse (g)
0,90	60
2,70	**180**
3,60	**240**
5,40	**360**
10,80	**720**

b)

Preis (EUR)	Masse (g)
4,80	540
0,48	**54**
0,60	**67,5**
0,80	**90**
1,60	**180**

c)

Preis (EUR)	Masse (g)
6,60	450
0,66	**45**
1,10	**75**
1,32	**90**
2,20	**150**

3. a) ja

b)

Preis (EUR)	Masse (g)
6,30	450
0,63	**45**
1,05	**75**
2,10	**150**
3,15	**225**

4. a) ja b) ja c) nein d) ja e) nein f) nein

5. Wenn fünf gleiche Glühlampen 10 Stunden brennen, kostet es 18 Cent.

6. 0,4 l Traubensaft kosten 0,56 Cent.

Zu Seite 115

7. a)

Liter Saft	Anzahl der Becher
50	250
65	325
75	375
80	400

b)

Anzahl der Becher	Erlös (EUR)
30	6
15	3
24	4,8

8. a) *Zeit → Weg*

Zeit (h)	Weg (km)
3	240
6	**480**
2	160
9	**720**

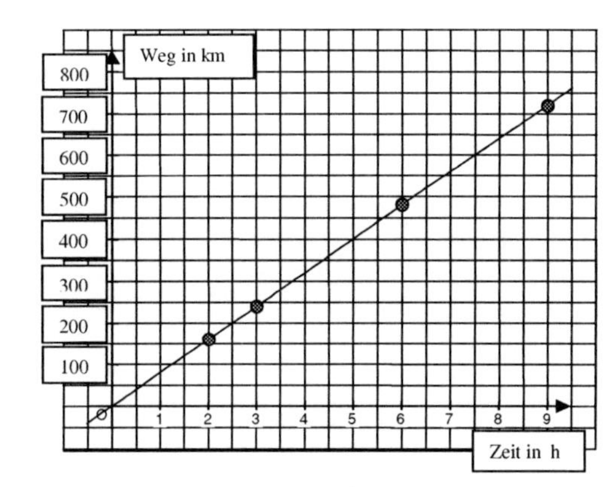

b) *Benzin → Fahrstrecke*

Volumen (l)	Strecke (km)
4	50
8	**100**
36	450
56	**700**

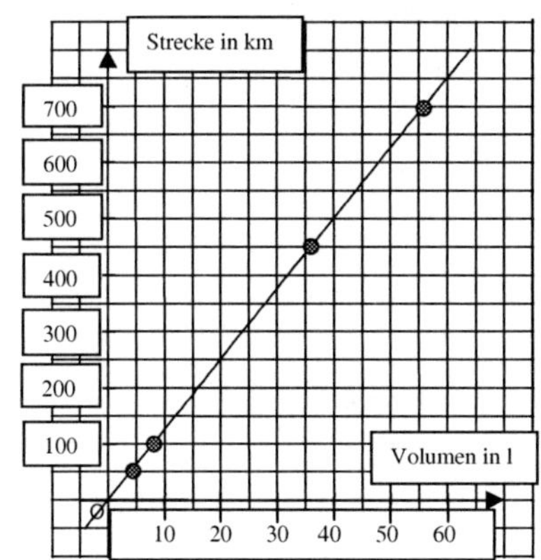

c) *Fläche → Farbmenge*

Fläche (m^2)	Masse (kg)
8	5,6
1	0,7
4	**2,8**
6	4,2

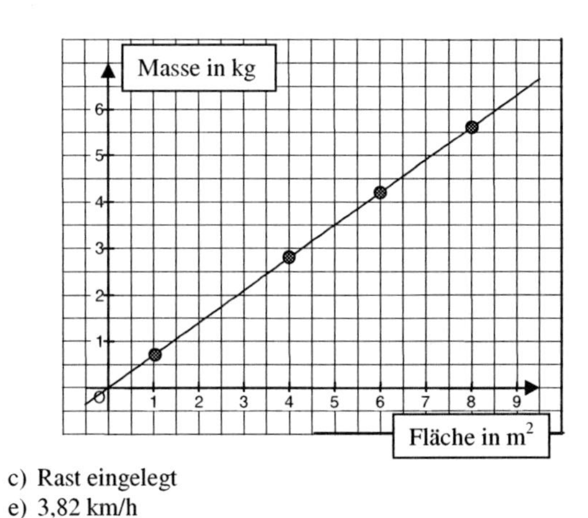

9. a) 12 km b) 3 km c) Rast eingelegt
d) zw. 10 und 11 Uhr: 6 km/h e) 3,82 km/h
zw. 11 und 12 Uhr: 6 km/h
zw. 12 und 13 Uhr: 3 km/h
zw. 14 und 15 Uhr: 4 km/h

10. **B**:= 6 (x: 2+**2**+**4**+**6**); (y: 2+**4**+**8**+**12**)

Vermischte Übungen

Zu Seite 116

1. a) 44 EUR b) 65 l

2. 7,5 Runden

3. 150 m^2 → 7,5 kg; 180 m^2 → 9 kg; 130 m^2 → 6,5 kg; 75 m^2 → 3,75 kg

4. 13,6 EUR

5. 4 kg → 4,8 EUR; 8 kg → 9,6 EUR; 0,4 kg → 0,48 EUR; 0,8 kg → 0,96 EUR

6. 7 s → 43,75 m

7. 25 min → 8 km; 30 min → 9,6 km; 35 min → 11,2 km; 45 min → 14,4 km

8. 20 K. → 5 EUR; 28 K. → 7 EUR; 30 K. → 7,5 EUR; 50 K. → 12,5 EUR

Zu Seite 117

9.a) Ein Sack Pfeffer wiegt 9 Pfund weniger als 2,5 Zentner. Das Pfund kostet 3 Heller weniger als 8 Schilling. Abziehen muss man dabei das Gewicht des Sackes mit 3,75 Pfund.

b)

Gewicht des Sackes:	3,75 Pfund
Gewicht des Pfeffers:	(250-9-3,75) Pfund = 237,25 Pfund
Preis für 1 Pfund = 0,5 kg:	7 Schilling 9 Heller = 93 Heller
Gesamtkosten:	237,25 · 93 Heller = 22 064,25 Heller ≈ 91 Gulden

c) ---

10. Nein; die Dauer hängt vom Tempo ab, nicht von der Anzahl der Musiker.

11. Nein

12. Nein

13. Genauso lang

14. Nein

15. ---

Bei Familie Schnellinger wird gespart

Zu Seite 118

1. Es sind zusammen 14 Fahrten. 14 einzelne Chips würden 21 EUR kosten.
2 x (5 Chips zu 6 EUR) + 4 x (1 Chip zu 1,5 EUR) ergibt 18 EUR genauso, wie wenn man 3 x (5 Chips zu 6 EUR) kauft. – Eine Fahrt ist allerding übrig.

2.a) 136,5 EUR können in einem Jahr eingespart werden.

b) Der eingesparte Betrag reicht aus, die Kosten steigen um 109,2 EUR, betragen insgesamt 655,2 EUR. (Vorher 682,5 EUR).

3. a) 411,84 EUR b) 154,44 EUR

4.a) PKW 1: 20 l PKW 2: 15 l
b) 12,5 l

c)

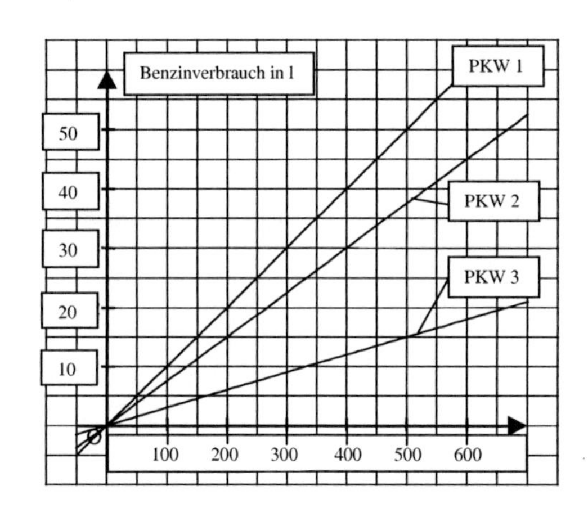

d) 900 km → **B Garmisch – Partenkirchen -- Hamburg**

e) 270 km

---

8 Prozentrechnung

Zu Seite 119

Anteile vergleichen

Zu Seite 120

1. Beide sind gleich erfolgreich, denn sie erhielten jeweils $\frac{3}{4}$ der abgegebenen Stimmen.

2.a) Jan: 8 von 15 $= \frac{8}{15} = \frac{32}{60}$ Stefan: 9 von 20 $= \frac{9}{20} = \frac{27}{60}$; Jan war besser.

b) Daniela: 9 von 16 $= \frac{9}{16} = \frac{27}{48}$ Anja: 11 von 24 $= \frac{11}{24} = \frac{22}{48}$; nein, denn Daniela hielt besser.

3. 19 von 25 $= \frac{19}{25} = \frac{152}{200}$ (Milch); 30 von 40 $= \frac{30}{40} = \frac{150}{200}$ (Mineralwasser)

18 von 25 $= \frac{18}{25} = \frac{144}{200}$ (Limo); 4 von 10 $= \frac{4}{10} = \frac{80}{200}$ (Kakao); *größter Anteil bei Milch.*

Prozentangaben und Brüche

Zu Seite 121

1.a) *Werken 6a*: 4 von 20 = 20 von 100 = 20 %

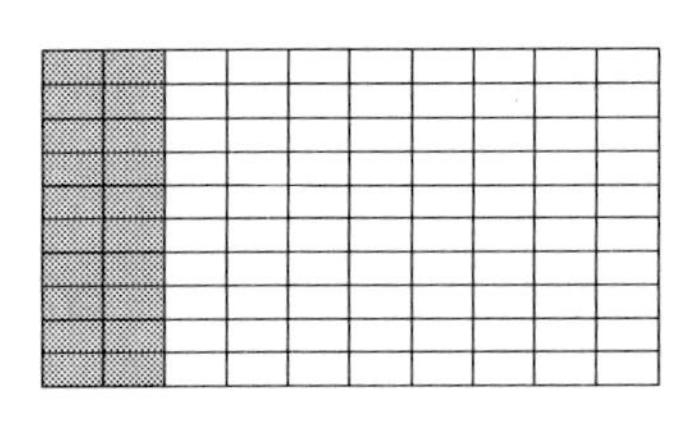

Werken 6b: 3 von 25 = 12 von 100 = 12 %

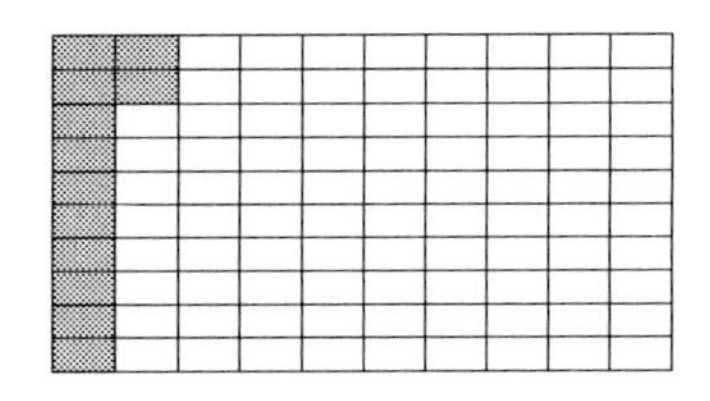

Hockey 6a: 5 von 20 = 25 von 100 = 25 %

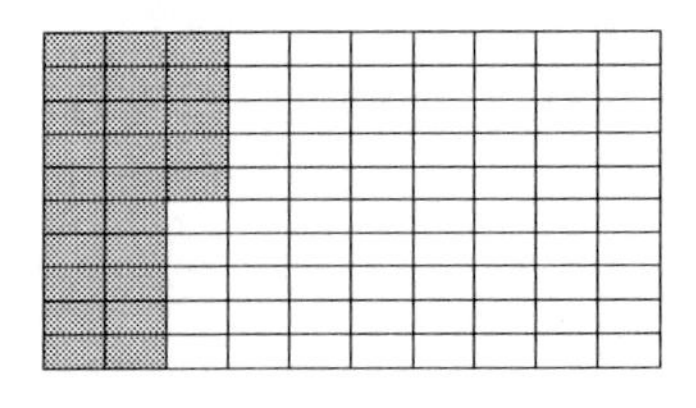

Hockey 6b: 5 von 25 = 20 von 100 = 20 %

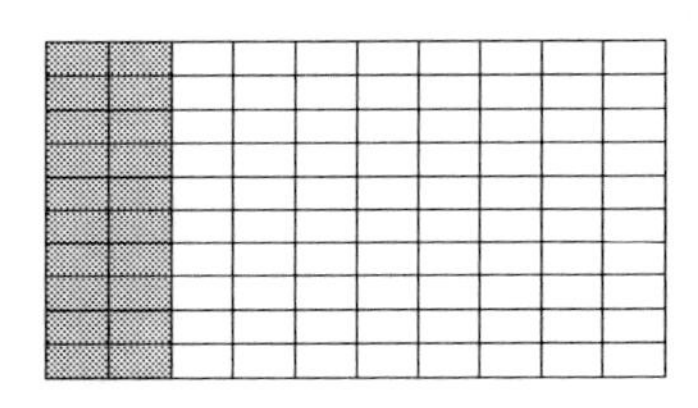

b) 6a: 45 % Mädchen, 6b: 68 % Mädchen

2. a) 19 % 35 % b) 27 % 85 % c) 69 % 91 % d) 73 % 45 % e) 95 % 5 % f) 120 % 200 % g) 240 % 325 % h) 550 % 825 %

3. a) $\frac{20}{100}$ $\frac{50}{100}$ $\frac{35}{100}$ b) $\frac{5}{100}$ $\frac{28}{100}$ $\frac{8}{100}$ c) $\frac{66}{100}$ $\frac{75}{100}$ $\frac{4}{100}$ d) $\frac{17}{100}$ $\frac{44}{100}$ $\frac{98}{100}$ e) $\frac{72}{100}$ $\frac{16}{100}$ $\frac{150}{100}$ f) $\frac{3}{100}$ $\frac{12}{100}$ $\frac{300}{100}$ g) $\frac{10}{100}$ $\frac{80}{100}$ $\frac{198}{100}$ h) $\frac{200}{100}$ $\frac{120}{100}$ $\frac{65}{100}$

Zu Seite 122

4.a) $10\ \% = \frac{10}{100} = 0{,}10$; $20\ \% = \frac{20}{100} = 0{,}20$; $50\ \% = \frac{50}{100} = 0{,}50$; $75\ \% = \frac{75}{100} = 0{,}75$;

$80\ \% = \frac{80}{100} = 0{,}80$; $30\ \% = \frac{30}{100} = 0{,}30$;

b) $35\ \% = \frac{35}{100} = 0{,}35$; $43\ \% = \frac{43}{100} = 0{,}43$; $65\ \% = \frac{65}{100} = 0{,}65$ $83\ \% = \frac{83}{100} = 0{,}83$;

$93\ \% = \frac{93}{100} = 0{,}93$; $27\ \% = \frac{27}{100} = 0{,}27$;

5.a) $0{,}05 = \frac{5}{100} = 5\ \%$; $0{,}04 = \frac{4}{100} = 4\ \%$; $0{,}06 = \frac{6}{100} = 6\ \%$; $0{,}09 = \frac{9}{100} = 9\ \%$;

$0{,}07 = \frac{7}{100} = 7\ \%$; $0{,}03 = \frac{3}{100} = 3\ \%$;

b) $0{,}12 = \frac{12}{100} = 12\ \%$; $0{,}24 = \frac{24}{100} = 24\ \%$; $0{,}45 = \frac{45}{100} = 45\ \%$; $0{,}71 = \frac{71}{100} = 71\ \%$;

$0{,}35 = \frac{35}{100} = 35\ \%$; $0{,}46 = \frac{46}{100} = 46\ \%$;

6.a) $\frac{1}{10} = \frac{10}{100} = 10\ \%$; $\frac{6}{10} = \frac{60}{100} = 60\ \%$; $\frac{4}{10} = \frac{40}{100} = 40\ \%$; $\frac{7}{10} = \frac{70}{100} = 70\ \%$;

$\frac{15}{50} = \frac{30}{100} = 30\ \%$; $\frac{35}{50} = \frac{70}{100} = 70\ \%$;

b) $\frac{40}{50} = \frac{80}{100} = 80\ \%$; $\frac{22}{50} = \frac{44}{100} = 44\ \%$; $\frac{3}{20} = \frac{15}{100} = 15\ \%$; $\frac{17}{20} = \frac{85}{100} = 85\ \%$;

$\frac{12}{25} = \frac{48}{100} = 48\ \%$; $\frac{24}{25} = \frac{96}{100} = 96\ \%$;

7.a) $\frac{48}{200}=\frac{24}{100}=24\%$; $\frac{126}{200}=\frac{63}{100}=63\%$; $\frac{234}{300}=\frac{78}{100}=78\%$; $\frac{123}{300}=\frac{41}{100}=41\%$; $\frac{168}{400}=\frac{42}{100}=42\%$;

b) $\frac{375}{500}=\frac{75}{100}=75\%$; $\frac{425}{500}=\frac{85}{100}=85\%$; $\frac{450}{500}=\frac{90}{100}=90\%$; $\frac{560}{700}=\frac{80}{100}=80\%$; $\frac{640}{800}=\frac{80}{100}=80\%$;

c) $\frac{880}{1000}=\frac{88}{100}=88\%$; $\frac{150}{1000}=\frac{15}{100}=15\%$; $\frac{450}{900}=\frac{50}{100}=50\%$; $\frac{480}{800}=\frac{60}{100}=60\%$; $\frac{360}{400}=\frac{90}{100}=90\%$;

d) $\frac{297}{300}=\frac{99}{100}=99\%$; $\frac{194}{200}=\frac{97}{100}=97\%$; $\frac{60}{300}=\frac{20}{100}=20\%$; $\frac{16}{200}=\frac{8}{100}=8\%$; $\frac{195}{300}=\frac{65}{100}=65\%$;

8.

	a)	b)	c)	d)	e)	f)	g)	h)	i)	k)	l)
Bruch	$\frac{1}{5}$	$\frac{1}{2}$	$\frac{3}{10}$	$\frac{1}{4}$	$\frac{9}{20}$	$\frac{7}{10}$	$\frac{1}{4}$	$\frac{6}{5}$	$\frac{3}{2}$	$\frac{2}{5}$	$\frac{1}{10}$
Nenner 100	$\frac{20}{100}$	$\frac{50}{100}$	$\frac{30}{100}$	$\frac{25}{100}$	$\frac{45}{100}$	$\frac{70}{100}$	$\frac{25}{100}$	$\frac{120}{100}$	$\frac{150}{100}$	$\frac{40}{100}$	$\frac{10}{100}$
Dezimalbruch	0,20	0,50	0,30	0,25	0,45	0,70	0,45	1,20	1,50	0,40	0,10
Prozent	20 %	50 %	30 %	25 %	45 %	70 %	45 %	120 %	150 %	40 %	10 %

9. a) $\frac{1}{2}=50\,\%$ b) $\frac{1}{4}=25\,\%$ c) $\frac{7}{10}=70\,\%$ d) $\frac{1}{2}=50\,\%$ e) $\frac{3}{4}=75\,\%$

f) $\frac{1}{5}=20\,\%$ g) $\frac{3}{10}=30\,\%$ h) $\frac{4}{8}=50\,\%$

10. a) $50\,\%=\frac{1}{2}$ b) $10\,\%=\frac{1}{10}$

c) $25\,\%=\frac{1}{4}$ d) $75\,\%=\frac{3}{4}$

e) $20\,\%=\frac{1}{5}$ f) $15\,\%=\frac{3}{20}$

Grundbegriffe der Prozentrechnung

Zu Seite 123

1.

	Grundwert GW	Prozentwert PW	Prozentsatz p %
a)	60 Mitglieder	36 Jugendliche	60 %
b)	30 EUR	6 EUR	20 %
c)	200 g Schokolade	64 g Fett	32 %
d)	20 EUR	8 EUR	40 %
e)	40 Parkplätze	30 sind besetzt	75 %

2.a) Tatsächliches Gewicht: 85 kg — Idealgewicht: 90,0 kg
b) Tatsächliches Gewicht: 60 kg — Idealgewicht: 58,8 kg
c) 15 % von 60 kg = 9 kg
d) Größe 1,70 m: — Idealgewicht: 59,5 kg
e) ---
f) Größe 1,60 m; Gewicht: 45 kg; — Idealgewicht: 48 kg; das Gewicht liegt etwa 6 % darunter.
g) Rosa ist 1,50 m groß.

Prozentwert berechnen

Zu Seite 124

1. 5 % von 300 = 15 EUR, 300 EUR – 15 EUR = **285 EUR**;
10 % von 320 EUR = 32 EUR; 320 EUR–32 EUR = **288 EUR**. Sie wird das 1. Angebot nehmen.

2. 4 m (32 kg; 80 m^2; 5,2 EUR; 9,3 km; 12 m^2; 25,5 EUR)

3. a) 3 kg; 4 kg; 27 kg b) 35 g; 100 g; 65 g c) 72 EUR; 65 EUR; 11 EUR
d) 180 km; 66 km; 420 km e) 400 m^2; 660 m^2; 90 m^2

4. a) 455 EUR b) 600 kg c) 21 m d) 252 EUR e) 99 g
f) 9,6 m^2 g) 522,5 km h) 217 g i) 17,6 EUR k) 117 kg

Zu Seite 125

5. a) 110 EUR; 6 EUR b) 70 m; 7 m c) 90 kg; 14 kg d) 47 l; 80 l

6.a) 114,26 EUR ist falsch, denn 48 % von 197 EUR = 94,56 EUR
b) richtig
c) 147,20 m ist falsch, denn 9 % von 1 400 m = 126 m
d) 15,80 EUR ist falsch, denn 1,2 % von 1 640 EUR = 19,68 EUR.

7. a) 64,4 EUR; 44,1 EUR b) 15,75 cm; 4,375 l c) 1,218 m; 2,449 m d) 14,53 g; 0,0675 l

8. 88 (87,5) Fahrräder wiesen Mängel auf.

9. Der Kindergarten erhält 177,3 EUR.

10. a) 600 cm^3 b) 420 cm^3 c) 150 cm^3

11. bis 20 min: 280 Schüler über 20 bis 40 min: 336 Schüler mehr als 40 min: 184 Schüler

Grundwert berechnen

Zu Seite 126

1. 250 Gäste befinden sich in der Jugendherberge.

2. a) 400 km; 2,5 kg; 620 EUR b) 250 EUR; 200 kg; 300 m
c) 300 EUR; 900 g; 800 m^2 d) 2,8 m; 45 kg; 1 200 EUR

3.	a) 20 EUR	b) 300 m	c) 500 kg
	200 EUR	40 m	420 kg
	250 EUR	40 m	300 kg
	1 600 EUR	1 200 m	3 000 kg
	70 EUR	150 m	500 kg

4.	a) 750 EUR	b) 2 077,8 l	c) 33 852,9 km	d) 159,8 EUR
	744,2 a	1 129,9 EUR	25 500 km	956,4 kg

Zu Seite 127

5.	a) 700 kg	b) 66,8 m
	491,2 kg	2 500 m
	1 497 kg	3 512,5 m

6. 150 Schülerinnen und Schüler sind in der Jahrgangsstufe 6.

7. Die Arztrechnung betrug 950 EUR.

8. Der ganze Pfahl ist 2,30 m lang.

9. a) Der Kaufpreis des Computers beträgt 750 EUR. b) Herr Groß gibt 600 EUR.

10.a) Herr Ögung hat bisher 2 000 EUR verdient.
b) Frau Oberg verdient nun 72 EUR mehr.
c) Herr Unger verdient 50 EUR mehr.
d) Bis zu einem Betrag von 1 250 EUR beträgt die Lohnerhöhung 50 EUR.
e) ---

Prozentsatz berechnen

Zu Seite 128

1. 14 von 25 = 56 %; 11 von 20 = 55 %

2.	a) 50 %	b) 50 %	c) 10 %	d) 1 000 %
	12,5 %	25 %	25 %	200 %
	300 %	75 %	50 %	200 %
	200 %	100 %	5 %	200 %

3.	a) 16 %	b) 25 %	c) 15 %
	22 %	11,1 %	18 %
	4 %	20 %	72 %
	6 %	20 %	35 %

Zu Seite 129

4.	a) 23,5 %	b) 19 %
	5,5 %	52 %
	32 %	4,2 %

5. a) 16,9 % 76,9 % b) 34,4 % 54,7 % c) 48 % 10,8 % d) 16,7 % 49,5 %

	a)	b)	c)	d)
5.	16,9 %	34,4 %	48 %	16,7 %
	76,9 %	54,7 %	10,8 %	49,5 %

6. 40 % der Spiele wurden verloren.

7. Monitor: 10 % Drucker: 30 % Rechner: 13 %

8. 6a: 35,7 % 6b: 28,6 % 6c: 40 % 6d: 37 %

9. a) 1955 EUR b) 20 %

Vermischte Übungen

Zu Seite 130

1. a) 25 % b) 50 % c) 33,3 % d) 33,3 % e) 30 %

2.

	a)	b)	c)	d)	e)	f)	g)	h)	i)
GW	75 m	570 kg	84,50 EUR	640 km	1 500 m^2	400 l	1 440 ha	10 000 EUR	88 EUR
p %	12 %	8 %	18 %	15 %	38 %	95 %	15 %	7,25 %	13 %
PW	9	45,6	15,21 EUR	96 km	570 m^2	380 l	216 ha	725 EUR	11,44 EUR

3.a) 4 % der Apfelsinen waren faul.
b) Björn spart 20 % seines Taschengeldes. Das sind 5 EUR.
c) 75 % der 24 Schüler können schwimmen.
d) 196 der 980 Schüler benutzen ein Fahrrad.
e) Von 50 EUR bringt Sascha 60 % zur Sparkasse.
f) Der CD-Player kostete ursprünglich 350 EUR.
g) Die Packung wiegt 800 g.

4. Pkw: 248 Lkw: 108 Busse: 16 Motorräder: 20 Sonstige: 8

5. Von den 192 m^3 sind 40,32 m^3 Sauerstoff, 149,76 m^3 sind Stickstoff und 1,92 m^3 sind Edelgase.

6. Verluste bei neu angepflanzten Bäumen:
von 550 Fichten 4 %
von 300 Buchen 8 %
von 200 Eichen 3 %
von 150 Lärchen 12 %

Prozentsätze darstellen: Streifendiagramm

Zu Seite 131

1.

Mannschaftsballspiele	Schwimmen	Turnen, Tanz, Gymnastik	Leichtathletik	Tennis
42 %	16 %	22 %	12 %	8 %

2.a)

Tierart	Anzahl	Anteil in %
Nagetiere	22	27,5
Zierfische	11	13,8
Hunde	23	28,8
Katzen	11	13,8
Ziervögel	13	16,3

b)

Nagetiere | Zierfische | Hunde | Katzen | Ziervögel

3. Umweltschäden:

Luftverschmutzung	41,4 Mio EUR
Lärm	28,8 Mio EUR
Gewässerverschmutzung	15,5 Mio EUR
Bodenschäden	4,5 Mio EUR

4.a) sehr gut: 9 Arb. gut: 18 Arb. befr.: 27 Arb. ausr.: 18 Arb. mang.: 9 Arb. ung.: 9 Arb.

sehr gut | gut | befriedigend | ausreichend | mangelhaft | ungenügend

---

Prozentsätze darstellen: Kreisdiagramm

Zu Seite 132

1.

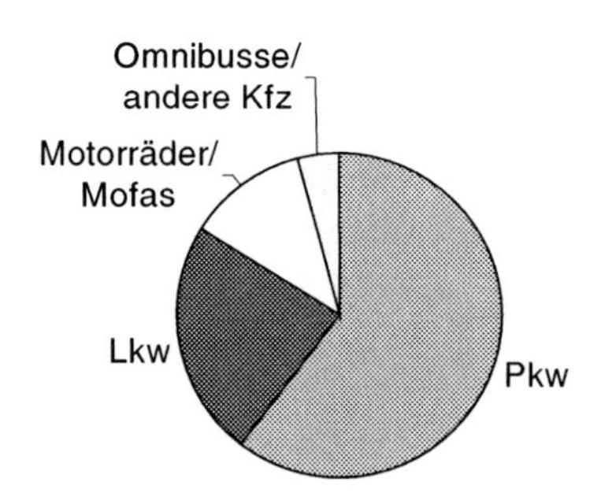

Pkw: 216^0; Lkw: $86{,}4^0$; Motorräder/Mofas: $43{,}2^0$; Omnibusse/andere Kfz: $14{,}4^0$

2. a) 36^0; 72^0; 90^0; 180^0; $50{,}4^0$ b) 288^0; $230{,}4^0$; $352{,}8^0$; $165{,}6^0$; $97{,}2^0$

3.a)

Fahrzeugart	Pkw	Lkw	Motorräder/Mofas	Omnibusse/andere Kfz
Anzahl	128	42	26	14
Anteil in %	61	20	12,4	6,6

b)

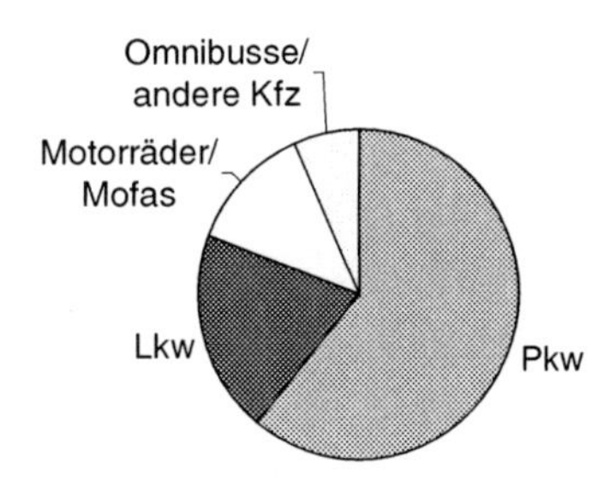

Pkw: $219{,}6^0$; Lkw: 72^0; Motorräder/Mofas: $44{,}64^0$; Omnibusse/andere Kfz: $23{,}76^0$

4.a) rot: 10 %

b) $\beta = 54^0$

Damen Trekkingbikes: 25 % ≙ 105
Herren Trekkingbikes: 25 % ≙ 105
Jugend Bikes: 15 % ≙ 63
Kinderräder: 15 % ≙ 63

Schultaschencheck

Zu Seite 133

1.a) ---

b) sh. Tabelle

c)

			Montag		Dienstag		Mittwoch		Donnerstag		Freitag	
Name	G	KG in kg	ST in kg	% vom KG	ST in kg	% vom KG	ST in kg	% vom KG	ST in kg	% vom KG	ST in kg	% vom KG
Josefa Moser	w	45	4,5	10	7,2	16	6,3	14	5,4	12	5,8	13
Derya Büyük	w	38,2	4,2	11								
Hans Dalago	m	56	4,2	7,5	8,4	15	5,6	10	5,4	**9,6**	6,7	12
Sepp Jodler	m	66,7	6	9								

d) --- e) --- f) ---

Team 6 auf Mathe – Tour

Zu Seite 134/135

Siehe *Laufzettel 4* am Ende des Lösungsheftes.

9 Achsenspiegelung

Zu Seite 136

1. Spiegelbild im Wasser

2. 11 Fehler: ---

3. Wenn man nur den Bau betrachtet (ohne Personen und Statuen), dann ja.

Abbildungen

Zu Seite 137

4.a) Spiegelbild wird durch einen Spiegel erzeugt.
b) Spiegelbild wird durch Falten und Umklappen und Durchstechen erzeugt.
c) Spiegelbild wird durch Umklappen erzeugt (Urbild aus flüssiger Farbe, sog. Klecksbilder).

5.

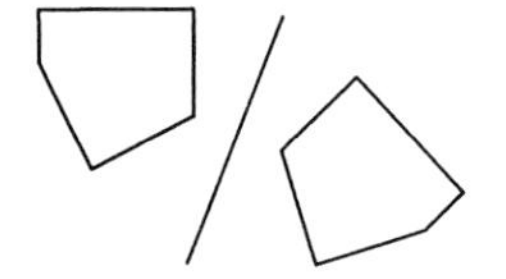

Man muss 5 mal durchstechen.

Eigenschaften der Achsenspiegelung

Zu Seite 138

1.a) Die Strecken sind zueinander spiegelbildlich.
b) Die Verbindungsstrecken stehen auf der Faltachse senkrecht.
c) Die Streckenlängen von einem Urpunkt und seinem Bildpunkt zur Faltachse sind jeweils gleich groß.
d) Ur- und Bildfigur sind gleich groß und haben die gleiche Form, sie sind deckungsgleich.

2. Zeichnen

Zu Seite 139

3.a)
b)
c)

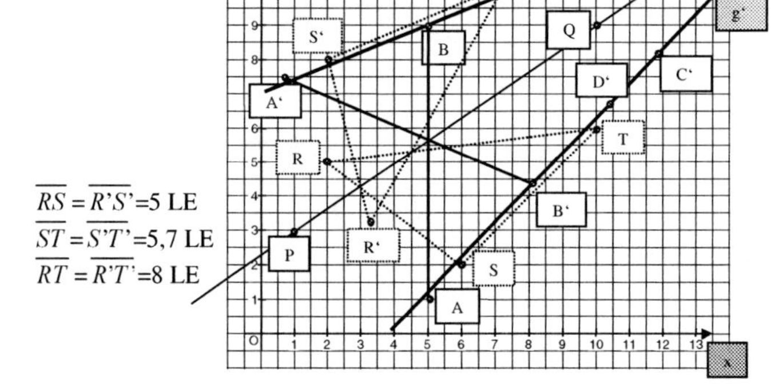

d) $\overline{RS} = \overline{R'S'}$=5 LE
$\overline{ST} = \overline{S'T'}$=5,7 LE
$\overline{RT} = \overline{R'T'}$=8 LE

$\sphericalangle SRT = \sphericalangle S'R'T' = 44^\circ$; $\sphericalangle TSR = \sphericalangle T'S'R' = 98^\circ$; $\sphericalangle RTS = \sphericalangle R'T'S' = 38^\circ$

e) Geradentreu, längentreu, winkeltreu, sym. Strecken schneiden sich auf der Spiegelachse.

4. ja

5. B und C; sie liegen auf der Spiegelachse

Zu Seite 140

6. a) Die Abbildung ist längentreu. b) ---

7. g und g‘ schneiden sich auf der Achse; jeder Achsenpunkt ist ein **Fixpunkt**.
h steht senkrecht auf der Achse und wird auf sich abgebildet: h = h‘; Abb. ist **winkeltreu.**
t und t‘ sind parallel zur Achse; Abb. ist **winkeltreu**.

8.

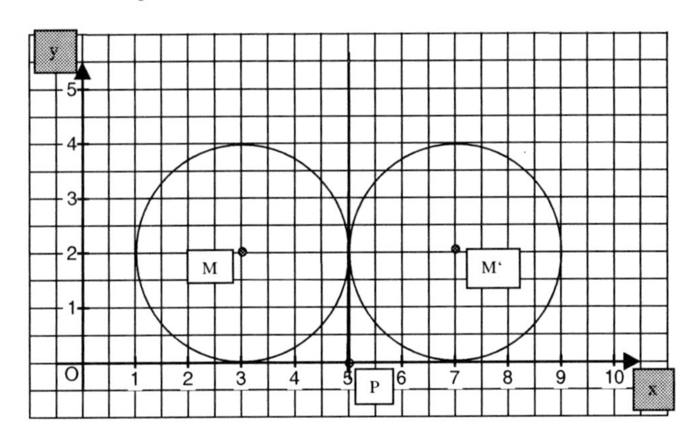

$\overline{PM} = \overline{P'M'}$

9.

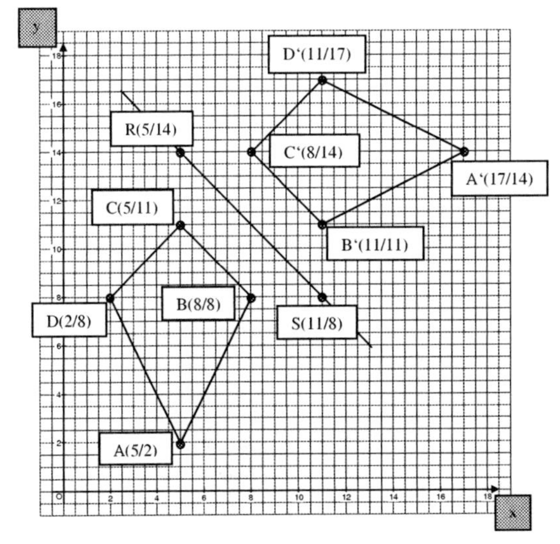

10. 4 Spiegelachsen; 2 Mittelparallelen und 2 Winkelhalbierenden

---

Spiegelachse zeichnen

Zu Seite 141

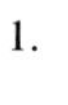

a)

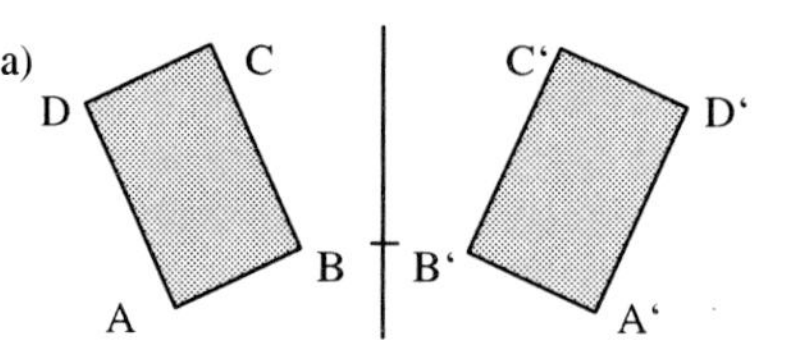

b)

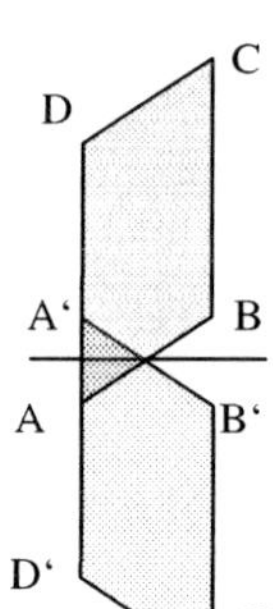

c)

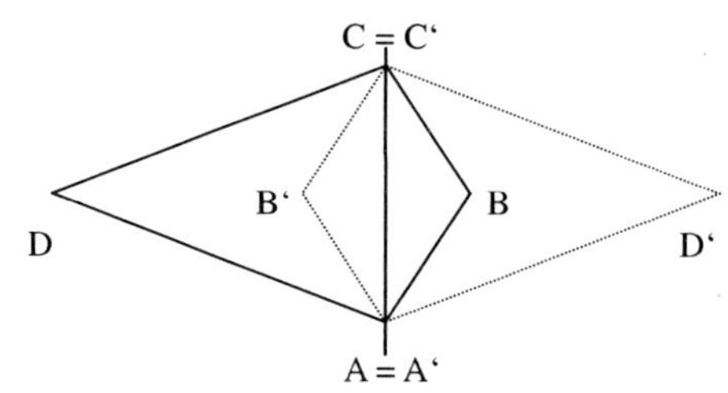

2. a)

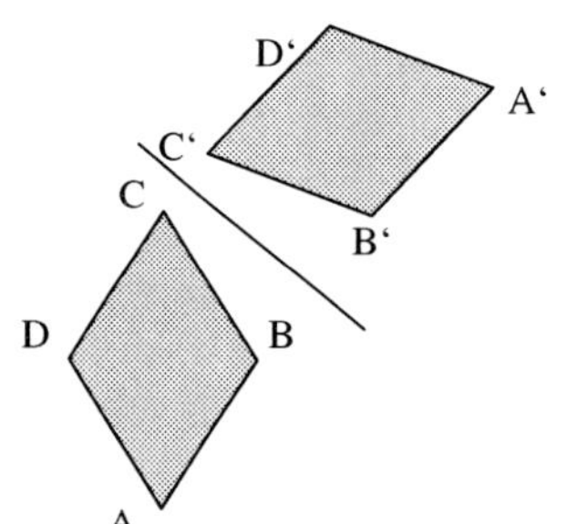

b)

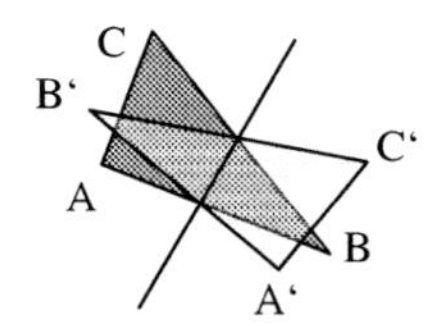

c)

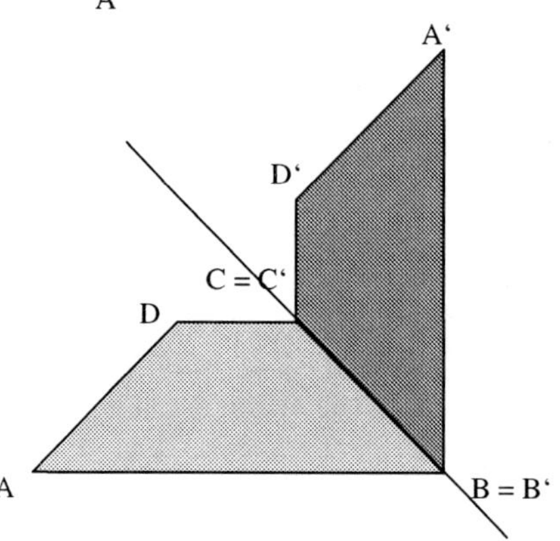

3.

a)

Urpunkt	Bildpunkt
A(2/3)	A‘(14/11)
B(7/2)	B‘(13/6)
C(8/7)	C‘(8/7)
D(3/8)	D‘(9/12)

b)

Urpunkt	Bildpunkt
A(5/10)	A‘(11/16)
B(10/13)	B‘(8/11)
C(5/16)	C‘(16/5)
D(0/13)	D‘(8/21)

4.a) Drachenviereck: A'(12/16); B'(9/11); C'(6/16); D'(9/18)
b) Trapez: A'(9/8); B'(9/2); C'(5/4); D'(5/7)
c) Viereck: A'(18/9); B'(18/6); C' = C(14/4); D'(14/7)

Vermischte Übungen

Zu Seite 142

1.a)

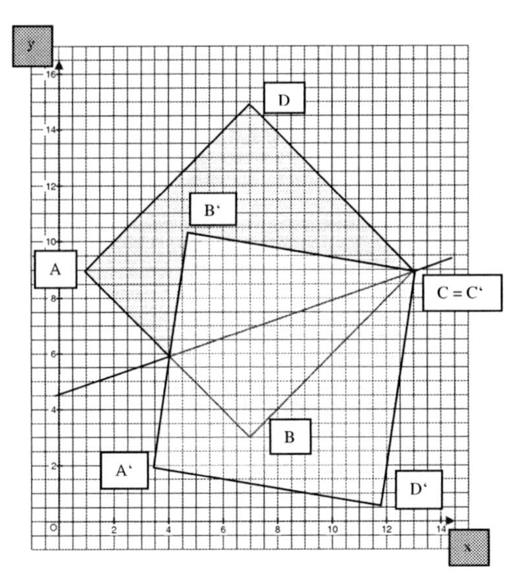

A'(3,4/2); B'(4,6/10,3); C = C'(13/9); D'(11,8/0,6)

b)

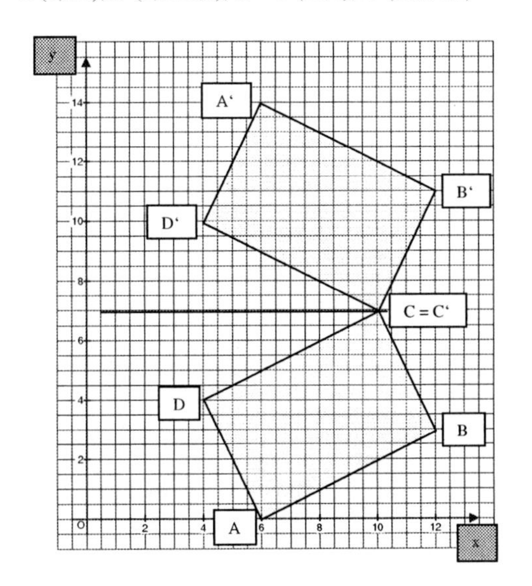

A'(6/14); B'(12/11); C' = C(10/7); D'(4/10)

2.a) C(2/4,5); D(0/3); A'(7,5/1); B'(5,5/2,5); D'(9/3); s = PQ: P(4,5/0); Q(4,5/5)

b) B(**7,5**/1); C(7,5/4,5); D(4/4,5); A'(11/1); B' = B; C' = C; D'(11/4,5); s = BC

c) C(10/4); D(6/4); A'(4/1,5); B'(0/1,5); C'(0/4)
Spiegelachse: Parallele zur y – Achse durch P(5/0).

3.

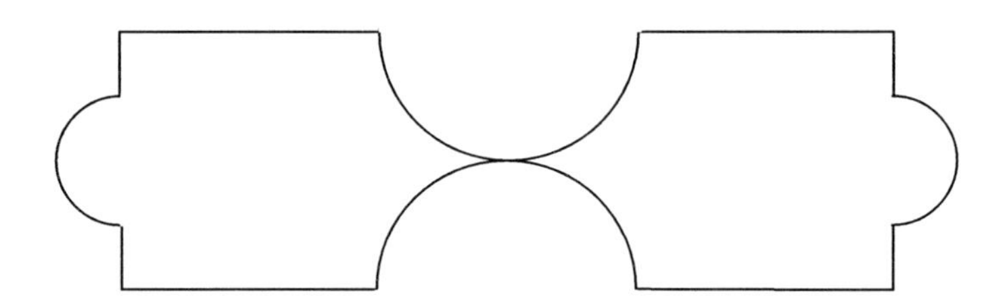

4.a)

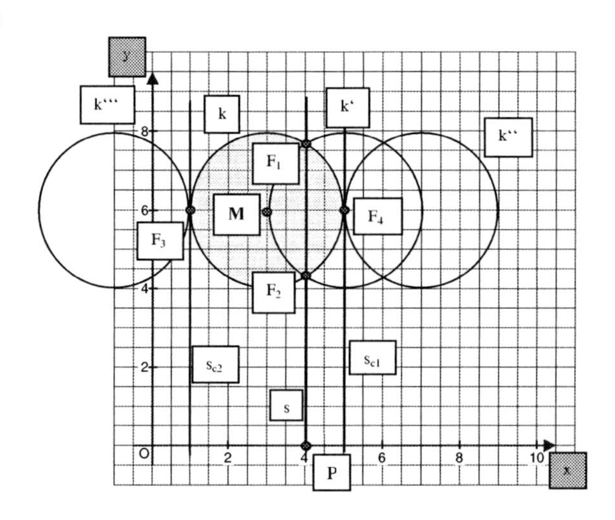

b) Fixpunkte: F_1; F_2

c) Es gibt 2 Lösungen; Fixpunkte: F_3 und F_4

Zu Seite 143

5.a) ß = ß' (sym. Winkel); ß' = α (Scheitelwinkel)

b) $\overline{QS} = \overline{Q'S}$ (Spiegelbild); $\overline{PS} + \overline{SQ} = \overline{PS} + \overline{SQ'} = \overline{PQ'}$ (Verbindungsstrecke)

$\overline{QT} = \overline{Q'T}$ (Spiegelbild); $\overline{QT} + \overline{TP} = \overline{Q'T} + \overline{TP}$; $\overline{Q'T} + \overline{TP} > \overline{Q'S} + \overline{SP}$

6.

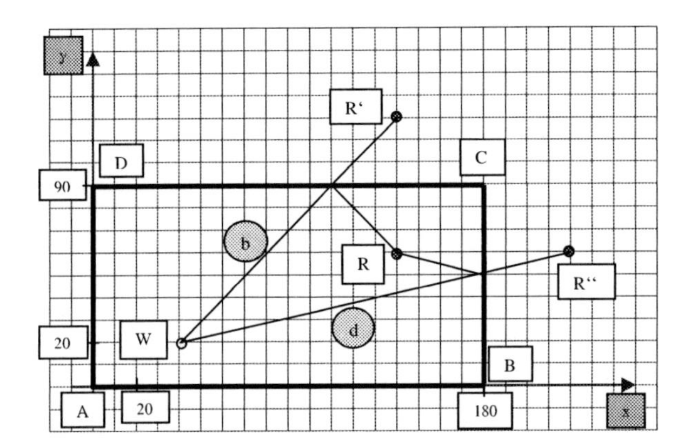

7.

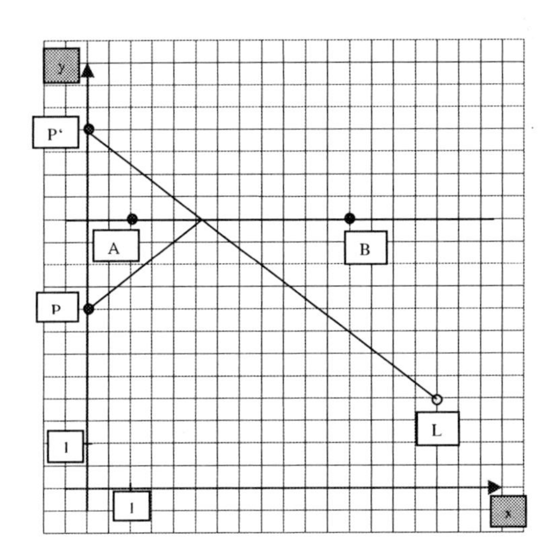

"Kn" ---

Mittelsenkrechte

Zu Seite 144

1.a) Das Brett muss sich in der Mitte der Giebelmauer befinden und muss senkrecht stehen.
b) Ja; das Dach wird dann steiler oder flacher.

2.a),b) $\overline{AS} = \overline{BS}$; $\overline{AP} = \overline{BP}$; [PS] $\perp$ [AB]; [PS] geht durch die Mitte von [AB].

3.a) s geht durch die Mitte von [AA'] (sym. Punkte) und steht auf ihr senkrecht.
b) $\overline{AP} = \overline{A'P}$

4. ---

Zu Seite 145

5. a) ja, weil sie Spiegelachse ist. b) $r > \frac{\overline{AB}}{2}$

6. ---

7. Die Mittelsenkrechten schneiden sich in einem Punkt bei a), b) und d).

8.a)
b)

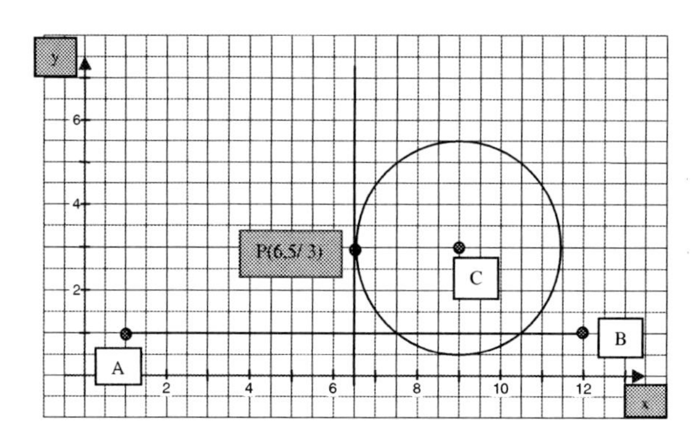

9. ---

10. ---

11. a) --- b) $F_P(5/3)$; $F_Q(11/5)$; $F_S(14/6)$

12. --- 13.--- 14.--- 15.--- 16.---

Arbeiten mit dem Computer – Mittelsenkrechte

Zu Seite 147

1.a),b),c),d) ---

2.a),b),c),d) ---

Winkelhalbierende

Zu Seite 148

1. Die Faltachse halbiert den Winkel.

2. Die Spiegelachse halbiert den Winkel.

3. ---

Zu Seite 149

4. a) ja b) ja c) ja

5. --- 6.--- 7.---

8. a) --- b) --- c) Die 2 Winkelhalbierenden stehen aufeinander senkrecht.

$$\alpha + \beta = 180^0; \frac{\alpha}{2} + \frac{\beta}{2} = 90^0$$

Arbeiten mit dem Computer – Winkelhalbierende

Zu Seite 150

1. --- 2. ---

Achsensymmetrische Dreiecke

Zu Seite 151

1.a)

Dreieck		I	II	III	IV
Seiten-	a	4,0	3,2	3,9	8,2
längen	b	4,0	3,2	4,1	4,9
in cm	c	3,6	3,2	4,0	4,9
Winkel-	α	63	60	52	114
maße	β	63	60	72	33
in Grad	γ	54	60	56	33
Anzahl der Symmetrieachsen		1	3	---	1

b) Ein Dreieck mit zwei gleich großen Winkeln hat immer zwei gleich lange Seiten: **wahr**
Ein Dreieck mit drei gleich langen Seiten hat drei gleich große Winkel: **wahr**
In jedem Dreieck mit zwei gleich langen Seiten gibt es auch zwei Symmetrieachsen: **falsch**
Es gibt kein Dreieck mit drei Symmetrieachsen: **falsch**

Achsensymmetrische Vierecke

Zu Seite 152

4. Die Diagonale ist Symmetrieachse ⇒ jeweils 2 angrenzende Seiten sind gleich lang,
2 gegenüberliegende Winkel sind gleich groß.

5. 4 gleich lange Seiten, gegenüberliegende Winkel sind gleich groß, gegenüberliegende Seiten sind zueinander parallel.

4. a) Drachenviereck b) Raute

5. Die Diagonalen und die beiden Schenkel sind gleich lang, gegenüberliegende Seiten sind parallel zueinander, jeweils 2 gleich große Winkel, 1 Symmetrieachse.

6. Im Rechteck gibt es 2 Symmetrieachsen, es ist kein Drachen, es ist ein Sonderfall eines gleichschenkligen Trapezes.

7. Quadrat: ein gleichschenklig-rechtwinkliges Dreieck an der Basis spiegeln.
Rechteck: ein Rechteck an einer Rechteckseite gespiegelt gibt wieder ein Rechteck.

Vermischte Übungen

Zu Seite 153

1.a)
b)

Dreieck		I	II	III	IV
Seiten-	a	4,3	4,5	4,0	4,1
längen	b	5,6	4,5	4,4	6,8
in LE	c	2,7	6,4	4,0	5
Art des Dreiecks		unregelm.	gleichsch.	gleichsch.	unregelm.

2. ---

3.

Dreieck		a)	b)	c)	d)
Winkel-	α	61	25	---	29
maße	β	73	28	---	77
in Grd.	γ	46	127	---	74
symmetrisch		nein	nein	nein	nein

4.

	a) Rechteck	b) Raute	c) Drachen
gleichschenklige Dreiecke	ABE; BCE; CDE; DAE	BDA; DBC; CAB; ACD	ABD; DBC
gleichseitige Dreiecke		ABD; BCD	
rechtwinklige Dreiecke	ABD; ABC; BCD; CDA	ABE; BCE; CDE; DAE	ABE; BCE; CDE; DAE
unregelmäßige Dreiecke	---		ACD; ABC

Geometrie in der Architektur

Zu den Seiten 154 und 155

---

10 Die Menge $\mathbb{Z}$ der ganzen Zahlen

Zu Seite 156

Die Menge $\mathbb{Z}$ der ganzen Zahlen

Zu Seite 157

1.a) Talstation: 8 °C; Gipfelstation: -3 °C (Bildkorrektur im 1. Druck: Die Thermometerskala reicht von –30 °C bis +20 °C.)

b) Temperaturänderungen für München: 8 °C, für Würzburg: 8 °C, für die Zugspitze: 8 °C

2.

	a)	b)	c)	d)
Anfangstemperatur in °C	8	1 unter Null	2 unter Null	11 unter Null
Temperaturänderung in °C	10	12 Temperatur-abnahme	7	6 Temperatur-zunahme
Endtemperatur in °C	2 unter Null	13 unter Null	5	5 unter Null

Positive und negative Zahlen

Zu Seite 158

3.

	a)	b)	c)	d)
Anfangstemperatur in °C	+8	-1	-2	-11
Temperaturänderung in °C	-10	-12	+7	+6
Endtemperatur in °C	-2	-13	+5	-5

4. a) $+3 \notin \mathbb{Z}^-$ b) $-3 \in \mathbb{Z}^-$ c) $\mathbb{Z}^- \subset \mathbb{Z}$ d) $\mathbb{N} = \mathbb{Z}^+$ e) $\{3; 0; +4\} \subset \mathbb{Z}$

f) $0{,}75 \notin \mathbb{Z}$ g) $4 \in \mathbb{Z}$ h) $\frac{1}{2} \notin \mathbb{Z}$ i) $\mathbb{Z} \not\subset Q_0^+$ k) $\mathbb{Z} \cap \mathbb{N} = \mathbb{N}$

5. Schwarze Zahlen ≙ positive Zahlen ≙ Gewinn

6. in Garmisch: 4 °C

Zahlengerade

Zu Seite 159

1. a) -4 °C > -7 °C
+2 °C > 0 °C
b) 0 °C > -4 °C
+18 °C > -18 °C
c) -7 °C > -10 °C
-7 °C < 0 °C
d) -11 °C < -8 °C
-13 °C > -15 °C

2. a) $-5 < +1$ b) $+4 > -5$ c) $-3 < -2$ d) $-1 > -3$ e) $-4 < -3 < -2$

3. a) --- b) $-10 < -5 < -4 < -2 < -1 < 0 < 1 < 3$

Betrag und Gegenzahl

Zu Seite 160

1. Steffi: 7 € Frank: 3 €

2. A:= -30 B:= -25 C:= -15 D:= -10 E:= +5 G:= +20

3.a) +5; -5; +7; -7; +25; -25; +45; -45; +150; -150; +4 000; -4 000

b)

Zahl	-3	+15	+3	-1	-17	+125	-1 905
Betrag der Zahl	3	15	3	1	17	125	1 905
Gegenzahl	+3	-15	-3	+1	+17	-125	+1 905

c) pos. Zahlen: 6; 8; 9 neg. Zahlen: -7; -8; -10

4.
a) | -8 | = **8**; | +95 | = **95**; | -20 | = **20**
b) | -3 | = **3**; | -55 | = **55**; | +22 | = **22**
c) | **-7** | = 7; | **+48** | = 48; | **-123** | = 123
d) | -765 | = **765**; | **-209** | = 209; | +189 | = **189**
e) | -1 464 | = **1 464**; | **-1 917** | = 1 917; | **-6 981** | = 6 981

5.
a) -5 < -3; | -5 | > | -3 |
b) +6 > -6; | +6 | = | -6 |
c) -1 > -4; | -1 | < | -4 |
d) | -3 | + **4** = 7; 2 · **6** - | -8 | = 4

Addieren ganzer Zahlen

Zu Seite 161

1.

	1. Wurf	2. Wurf	3. Wurf	4. Wurf	5. Wurf
Karin	+5	-1	+4	-5	-4
Rechnung		*(+5) + (-1)*	*(+4) + (+4)*	*(+8) + (-5)*	*(+3) + (-4)*
Gewinn +/Verlust –	**+5**	**+4**	**+8**	**+3**	**-1**
Fritz	-3	+2	-2	+6	+5
Rechnung		*(-3) + (+2)*	*(-1) + (-2)*	*(-3) + (+6)*	*(+3) + (+5)*
Gewinn +/Verlust –	**-3**	**-1**	**-3**	**+3**	**+8**

2.a) (+5) + (-1) = +4 (-1) + (-2) = -3

b) Der Zahlpfeil **beginnt** immer **bei Null**, er **endet** immer **bei der Spitze des 2. Summanden**.

Zu Seite 162

3.

a) (+2) + (-4) = -2

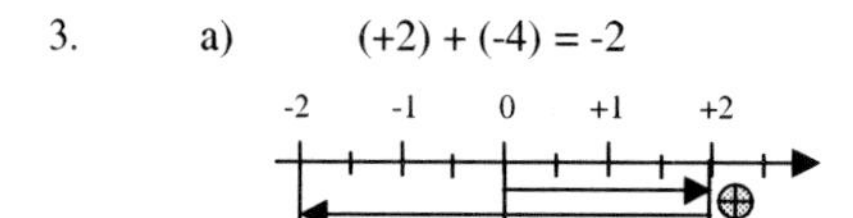

b) (-15) + (-25) = -40

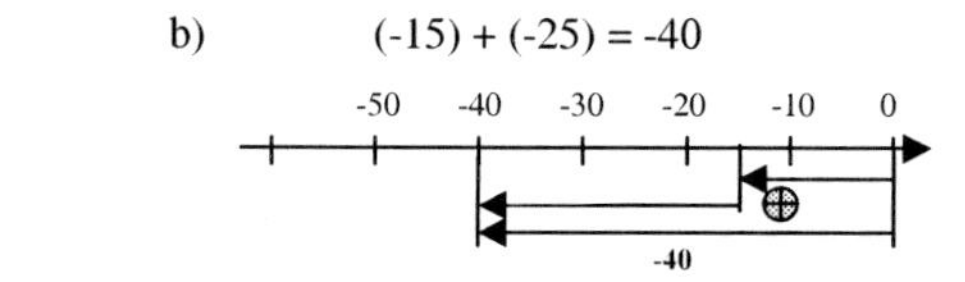

c) (-2) + (+4) = +2

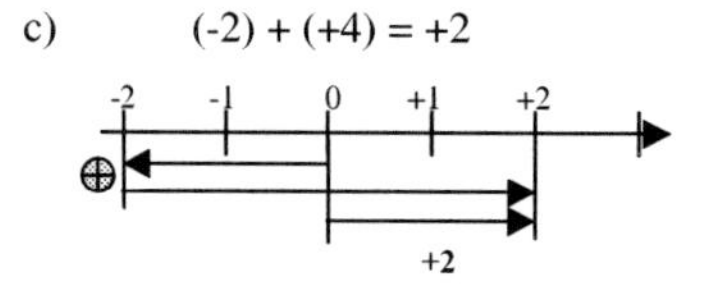

d) (+100) + (-300) = -200

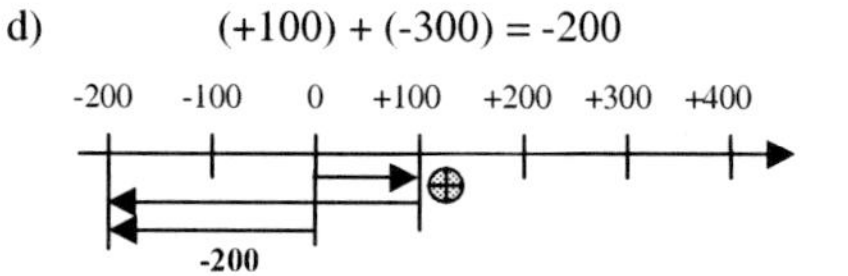

4. Marinus **A**: (-50) + (+70) = +20 Angela **B**: (-50) + (-70) = -120

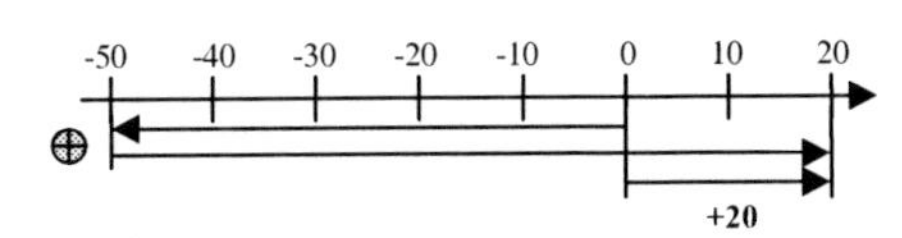

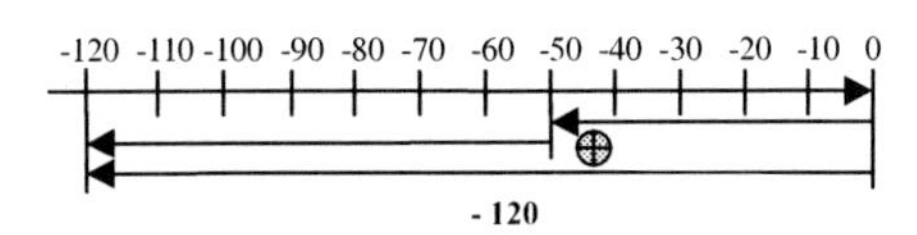

5. ---

Zu Seite 163

6. a) (+3) + (+9) = +12
(+6) + (+7) = +13

b) (-2) + (+6) = +4
(-8) + (+13) = +5

c) (+7) + (-5) = +2
(+13) + (-8) = +5

d) (-5) + (-3) = -8
(-13) + (+14) = +1

e) (-13) + (+12) = -1
(+12) + (-13) = -1

7. a) (+3) + (+8) = +11
(+7) + (+15) = +22

b) (-10) + (-6) = -16
(-18) + (-7) = -25

c) (-76) + (-44) = -120
(-74) + (-99) = -173

d) (+33) + (-42) = -9
(-75) + (-35) = -110

8. a)

+	+12	-8	-25	+5	-34
+17	+29	+9	-8	+22	-17
-11	+1	-19	-36	-6	-45
-21	-9	-29	-46	-16	-55
-50	-38	-58	-75	-45	-84
+27	+39	+19	+2	+32	-7

b)

+	-23	+42	-29	+17	-65
+22	-1	+64	-7	+39	-43
-42	-65	0	-71	-25	-107
-31	-54	+11	-60	-14	-96
+62	+39	+104	+33	+79	-3
+49	+26	+91	+20	+66	-16

Subtrahieren ganzer Zahlen

Zu Seite 164

1.

Karin: **Gewinn +/Verlust –**	**+5**	**+4**	**+8**	**+3**	**-1**
Fritz: **Gewinn +/Verlust –**	**-3**	**-1**	**-3**	**+3**	**+8**
Rechenweg Karin: Differenzwert	(+5) – (-3) = +8	(+4) – (-1) = +5	(+8) – (-3) = +11	(+3) – (-3) = 0	(-1) – (+8) = -9
Rechenweg Fritz Differenzwert	(+5) + (+3) = +8	(+4) + (+1) = +5	(+8) + (+3) = +11	(+3) + (-3) = 0	(-1) + (-8) = -9
Betrag des Differenzwertes	8	5	11	0	9

2.a) (+20) – (+30) = -10 (-30) – (-20) = -10 (-10) – (+20) = -30

b) Der Zahlpfeil **beginnt** immer **bei Null**, er **endet** immer **beim Fuß des Subtrahenden**.

3. a) (+5) – (+3) = -2 b)(+3) – (+5) = -2 c) (-3) – (+5) = -8

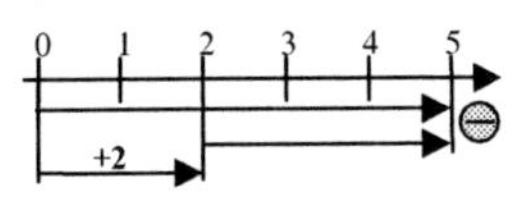

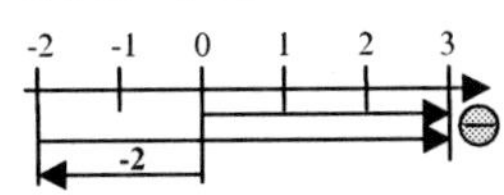

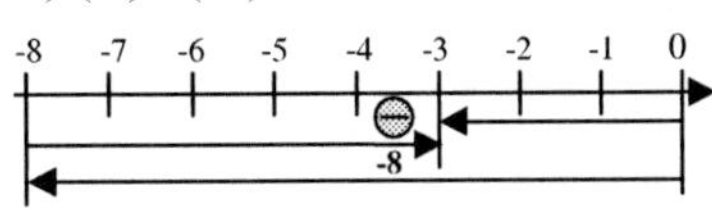

d) $(-5) - (-3) = -2$

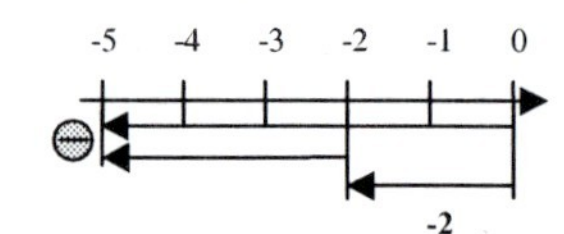

e) $(+3) - (-5) = +8$

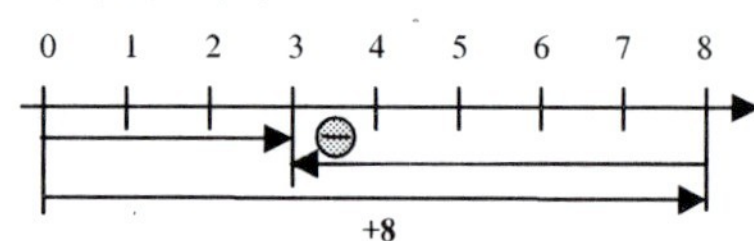

Zu Seite 165

3. a) $(+9) - (+3) = +6$
   $(+7) - (+6) = +1$

   b) $(-2) - (+6) = -8$
   $(-6) - (+5) = -11$

   c) $(+7) - (-5) = +12$
   $(+2) - (-8) = +10$

   d) $(-5) - (-3) = -2$
   $(-13) - (-14) = +1$

   e) $(-3) - (+8) = -11$
   $(-8) - (+3) = -11$

4. a) $(+5) + (-6) = -1$
   $(+5) - (+6) = -1$

   b) $(-5) + (-4) = -9$
   $(-5) - (+4) = -9$

   c) $(+7) + (+3) = +10$
   $(+7) - (-3) = +10$

   d) $(-3) + (+11) = +8$
   $(-3) - (-11) = +8$

   e) $(-7) + (-5) = -12$
   $(-7) - (+5) = -12$

5. a) $(+18) - (+17) = (+18) + (-17) = +1$
   $(+11) - (+14) = (+11) + (-14) = -3$
   $(+31) - (+25) = (+31) + (-25) = +6$
   $(+16) - (+42) = (+16) + (-42) = -26$

   b) $(-18) - (+17) = (-18) + (-17) = -35$
   $(-11) - (+14) = (-11) + (-14) = -25$
   $(-31) - (+25) = (-31) + (-25) = -56$
   $(-16) - (+42) = (-16) + (-42) = -58$

   c) $(+18) - (-17) = (+18) + (+17) = +35$
   $(+11) - (-14) = (+11) + (+14) = +25$
   $(+31) - (-25) = (+31) + (+25) = +56$
   $(+16) - (-42) = (+16) + (+42) = +58$

   d) $(-18) - (-17) = (-18) + (+17) = -1$
   $(-11) - (-14) = (-11) + (+14) = +3$
   $(-31) - (-25) = (-31) + (+25) = -6$
   $(-16) - (-42) = (-16) + (+42) = +26$

Vermischte Übungen

Zu Seite 166

1. a) $(+67) - (-43) = (+67) + (+43) = +110$
   $(-72) - (+19) = (-72) + (-19) = -91$
   $(-37) - (-17) = (-37) + (+17) = -20$
   $(+86) - (+35) = (+86) + (-35) = +51$

   b) $(+109) - (-216) = (+109) + (+216) = +325$
   $(-76) - (+135) = (-76) + (-135) = -211$
   $(-112) - (-178) = (-112) + (+178) =+ 66$
   $(+45) - (+88) = (+45) + (-88) = -43$

   c) $(-44) - (-51) = (-44) + (+51) = +7$
   $(+26) - (+22) = (+26) + (-22) = +4$
   $(-75) - (-225) = (-75) + (+225) = +150$
   $(+25) - (+86) = (+25) + (-86) = -61$

   d) $(+45) - (+37) = (+45) + (-37) = +8$
   $(-157) - (-257) = (-157) + (+257) = +100$
   $(+79) - (+185) = (+79) + (-185) = -96$
   $(-2\,375) - (+735) = (-2\,375) + (-735) = -3\,110$

2.

		(+5)	(-7)	(-3)
(-1)	**-3**	-8	-1	+2
	-2	-7	0	+3
(+4)	-6	-11	-4	-1

		(-1)	(-3)	(+5)
(+0)	-5	-4	-1	-6
	-5	**-4**	-1	-6
(+2)	-7	-6	-3	-8

Beachte: Die eingekreisten Zahlen sind immer zu subtrahieren !

3. a) 9 b) 20 c) 0

	-29	17	57
	56	-47	-10
	-49	-14	-488

4. a) richtig, richtig, falsch b) falsch, falsch, richtig c) richtig, richtig, richtig

5. Aktueller Kontostand: 1 394,1 €

Addieren und Subtrahieren in vereinfachter Schreibweise

Zu Seite 167

1. Von links:
B (-2) + (-5) = -7 **D** (-5) – (-2) = -3 **A** (+5) – (+2) = +3 **C** (+5) + (+2) = +7

2. a) -10 b) -13 c) +5 d) +16

Zu Seite 168

3.

a)	b)	c)	d)
-4	+2	-12	-23
+3	+12	-12	-15
+11	+15	+4	+9
+1	+2	-11	-6

4.

a)	b)	c)	d)
-1	-21	-5	+3
+6	+25	-27	-49

5.

a)	b)	c)	d)	e)
59	41	5	22	-22
14	70	-28	-12	+22
13	-68	0	16	-44

6.

a	b	c	(a + b) + c	a + (b + c)	a + b + c
5	-4	7	8	8	8
-3	-5	-9	-17	-17	-17
15	37	-25	27	27	27

7. a) 32 b) -199 c) -248 d) 393 e) -345 f) -841

Zu Seite 169

8. 300 + 20 + 100 + 5 + 25 + 1 – 200 – 50 – 500 – 1 – 75 = **- 375**

9. ---

10. a) -6 b) 213 c) 60 d) -210 e) -252 f) -28

g) -236 h) -286

11.

		A	B	C	D	E	F	G	H	
		-3		0		-12		0		
1	-2	4	5	-11	-7	23	45	0	-37	
2		4	11	-9	3	-3	4	-8	-108	-44
3	-8	1	11	17	22	-39	-30	-76	-19	
4		-6	-12	-7	-5	-28	-92	-19	0	-7
5	12	-19	-10	-32	8	-1	-15	-26	45	
6		-15	-28	-23	0	34	-2	-37	-35	-12
7	22	14	20	-8	-19	10	16	-92	-31	
		-13		14		-21		-40		

12. a) 105 – [-34 – (-78)] = **61** b) [(-176) + (-24)] + 100 = **-100**
c) | -27 + 23 | + (-14) = **-10** d) x + (-75) = 35; **x = 110**
e) - [-25 – (-11)] – [-99 + (-63)] = **176**

Höhen- und Tiefenangaben

Zu Seite 170

1. a) 1 470 m b) 6 895 m c) ---

2. a) --- b) 1 417 m c) 399 m

Vermischte Übungen

Zu Seite 171

1. a) - 1 284 b) 1 032 c) - 438 d) 291 e) - 1 151 f) 248

2. a) x = - 268 b) x = 518 c) x = - 89 d) x = 314 e) x = 821 f) x = 146

3.a) 0 + 0 – 10 + 4 – 2 – 2 = **– 10**

b) Eichel Zehn, Herz Acht, Schelln Unter und Eichel König
10 + 10 – 0 + 2 – 4 – 4 = **+14**

Team 6 auf Mathe- Tour

Zu Seite 172/173

Siehe *Laufzettel 5* am Ende des Lösungsheftes.

Laufzettel 1

Team R6 auf Mathe – Tour

(Zu S. 46/47: Multiplizieren und Dividieren)

Beim Biathlon Weltcup in Rupolding

Gruppe: ◯

Ergebnisse:

Station 1

Der Kontostand beträgt ☐ .

Station 2

2.a) Martina Rasant muss ☐ Strafrunden laufen; sie benötigt dazu ☐.

b) Martina Rasant benötigt insgesamt ☐;

sie ist also insgesamt ☐ als Olga Pretschowa mit 23 : 53 min.

Station 3

Sepp Fleißig käme ☐ weit, bevor an der Ampel rot aufleuchtet.

Richtig ist also Lösung ☐ .

Station 4

Die Streckenlänge, die eine Biathletin auf Skiern pro Jahr in etwa zurücklegt, beträgt ☐.

Station 5

Am schnellsten steigt ☐.

Ballon A hat ein Gesamtgewicht von ☐.

Laufzettel 1
(Lösung)

Team R6 auf Mathe – Tour

(Zu S. 46/47: Multiplizieren und Dividieren)

Beim Biathlon Weltcup in Rupolding

Gruppe: ◯

Ergebnisse:

Station 1

Der Kontostand beträgt [124 830 €].

Station 2

2.a) Martina Rasant muss [2] Strafrunden laufen; sie benötigt dazu [50 sec].

b) Martina Rasant benötigt insgesamt [24 : 03 min];

sie ist also insgesamt [langsamer] als Olga Pretschowa mit 23 : 53 min.

Station 3

Sepp Fleißig käme [40 m] weit, bevor an der Ampel rot aufleuchtet.

Richtig ist also Lösung [C: Sepp Fleißig käme noch über die Kreuzung].

Station 4

Die Streckenlänge, die eine Biathletin auf Skiern pro Jahr in etwa zurücklegt, beträgt [5 600 km].

Station 5

Am schnellsten steigt [Ballon D mit 375 kg].

Ballon A hat ein Gesamtgewicht von [400 kg (350 kg + 50 kg)].

Laufzettel 2

Team R6 auf Mathe – Tour

(Zu S. 74/75: Dezimalbrüche)

Gruppe: ◯

Ergebnisse:

Station 1

1.a) Es gibt ☐ verschiedene Kaufmöglichkeiten.
b) Der Automat hat ☐ große Becher ausgegeben.

Station 2

2.a)

D (0, 5) x 0,0001 **C** (0, 5) x 0,001 ☐

b)

D (0, 5) x 0,0001 **C** (0, 5) x 0,001 **B** (0, 5) x 0,01 ☐

Es werden nur die Veränderungen gezeichnet.

Station 3

3.a) **15,3** ☐ = 0

b) **16,1** ☐ = 0

Station 4

a) Auf der Waage **A** ist der Stapel ☐ falsch.
b) Auf der Waage **B** ist der Stapel ☐ falsch.
c) Superdetektiv Knödlmeier wählt folgende Methode:

☐

Station 5

☐

Laufzettel 2

Team R6 auf Mathe – Tour

(Lösung)

(Zu S. 74/75: Dezimalbrüche)

Gruppe: ◯

Ergebnisse:

Station 1

1.a) Es gibt [8] verschiedene Kaufmöglichkeiten.
b) Der Automat hat [57] große Becher ausgegeben.

Station 2

2.a)

D 

x 0,0001

C 

x 0,001

[17,32**21** m³]

b)

D 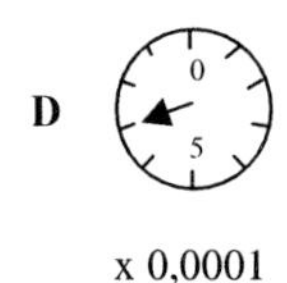

x 0,0001

C 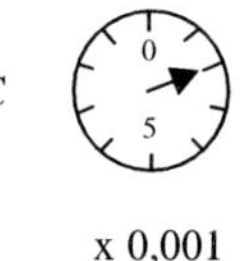

x 0,001

B 

x 0,01

[17,3**427** m³]

Es werden nur die Veränderungen gezeichnet.

Station 3

3.a) **15,3** + [6,3] (rot) = 21,6 ; 21,6 + [0,9] (rot) = 22,5; 22,5 : [0,5] (blau) = 45; 45 : [5] (blau) = 9; 9 – [9] (gelb) = 0

b) **16,1** + [0,9] (rot) = 17 ; 17 - [1] (gelb) = 16 ; 16 : [4] (blau) = 4 ; 4 – [4] (gelb) = 0

Station 4

4.a) Auf der Waage **A** ist der Stapel [mit den 2 Münzen] falsch.
b) Auf der Waage **B** ist der Stapel [mit den 3 Münzen] falsch.
c) Superdetektiv Knödlmeier wählt folgende Methode:

Er bildet 8 verschiedene Stapel (7 Stapel würden auch reichen), er nimmt
vom 1. Stapel **eine** Münze
vom 2. Stapel **zwei** Münzen
vom 3. Stapel **drei** Münzen usw.
Alle Münzen zusammen (bei 8 Stapel sind es 36 Münzen) müssen dann 270 g wiegen.
Fehlen **1** · 2 g = 2 g (Gesamtgewicht also 268 g), dann ist der **1**. Stapel falsch,
fehlen **2** · 2 g = 4 g (Gesamtgewicht also 266 g), dann ist der **2**. Stapel falsch, usw.

Station 5

Die Firma Öko-Tec sollte das Angebot der Immobilienverwertung Giuseppe Gmbh: 105-130 m², 920 EUR pro Monat nehmen. Preis für ein Jahr: 11 040 EUR.

Laufzettel 3

Team R6 auf Mathe – Tour

(Zu S. 96/97: Geometrische Grundbegriffe)

Gruppe: ◯

Ergebnisse:

Station 1

1.a) [ ]

b) Die Breite des Hauses B beträgt [ ].

Station 2

2.a) Gesichtsfeld: [ ]

b) $\alpha = \sphericalangle$ [ ]; $\beta = \sphericalangle$ [ ]; $\gamma = \sphericalangle$ [ ]

c)

290°

Station 3

3.a) Der „tote Winkel" beträgt [ ].

b) Markus befindet sich etwa [ ].

c) Wenn der Lkw langsam fährt, [ ].

Station 4

4.a)

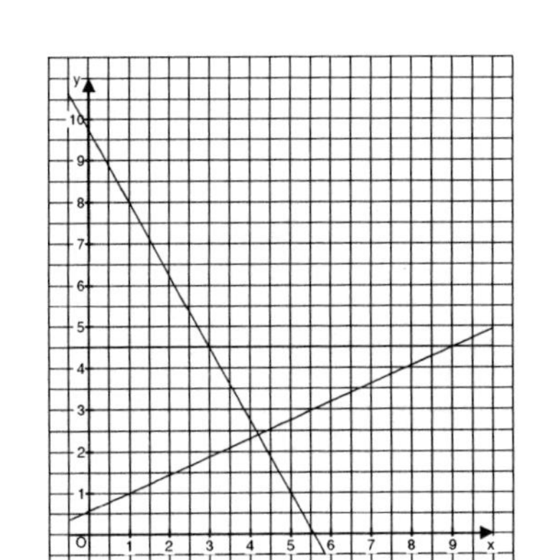

b)
c)
d)
e)

[ ]

Laufzettel 3
(Lösung)

Team R6 auf Mathe – Tour

(Zu S. 96/97: Geometrische Grundbegriffe)

Gruppe: 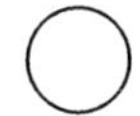

Ergebnisse:

Station 1

1.a) Wenn der Anschluss senkrecht an den Abwasserkanal durchgeführt wird, ist er um 2,50 m kürzer. Familie Gais könnte 450 € sparen.

c) Die Breite des Hauses B beträgt 6,96 m.

Station 2

2.a) Gesichtsfeld: der Winkel, der vom Beobachter ohne Kopfdrehen einsehbar ist.

b) $\alpha = \sphericalangle\ ASB = 170^\circ$; $\beta = \sphericalangle\ CPD = 245^\circ$; $\gamma = \sphericalangle\ EQF = 340^\circ$

c)

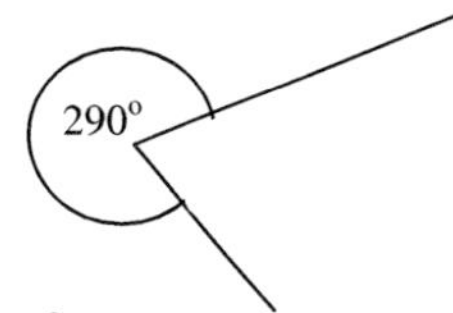

Station 3

3.a) Der „tote Winkel" beträgt 53°.

c) Markus befindet sich etwa zwei Sekunden im „toten Winkel" (Lösung **C**)

d) Wenn der Lkw langsam fährt, ist Markus länger im „toten Winkel".

Station 4

4.a)

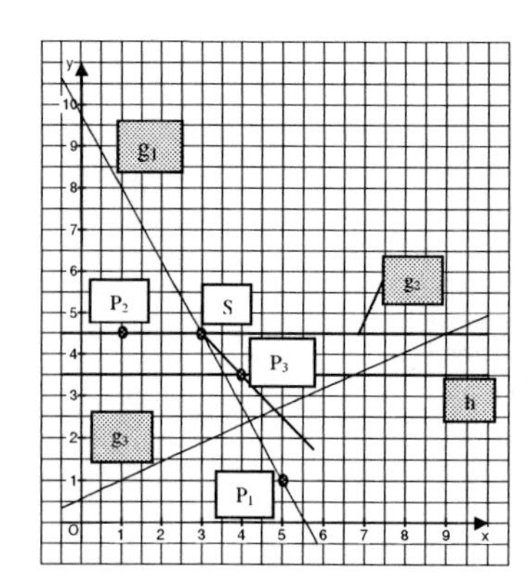

b) $\alpha = 60^\circ$; $\beta = 300^\circ$

c) $P_3(4/3,5)$

d) ---

e) Die Figur ist ein Dreieck.

Laufzettel 4

Team R6 auf Mathe – Tour

(S. 134/135: Prozentrechnung)

Gruppe: ◯

Ergebnisse:

Station 1

1.a)

Name				
Augenzahl				
Endwert				

b) Die Variable hat den Wert ☐ .

c) $x \in G_1$

x	0	1
x + 2		
$x^2 + 2$		

$x \in G_2$

x	0	1	2
x + 2			
$x^2 + 2$			

Die Terme $x + 2$ und $x^2 + 2$ sind äquivalent / nicht äquivalent in $G_1 = \{0; 1\}$;
sie sind äquivalent / nicht äquivalent in $G_2 = \{0; 1; 2\}$ (**Falsches durchstreichen** !).

Station 2

2.a) Der gemessene Taillenumfang mit 71 cm ist falsch / richtig (**Falsches durchstreichen** !).
Die innere Beinlänge ist mit 86 cm falsch / richtig gemessen .

b) Die Reduzierung beträgt ☐.

Station 3

Die Inline-Skates kosten jetzt ☐.

Station 4

4.a) Hans hat Recht / nicht Recht (**Falsches durchstreichen** !)

b) Das DIN – A4 – Blatt wiegt ☐ .

c) ---

d) 1 m^2 Papier wiegt ☐.

e) Ein DIN – A3 – Blatt wiegt ☐.

Station 5

5.a) Frau Grauer spart ☐. Familie Lohmeier spart ☐ .

b) Bei Frau Grauer ist der Preis um ☐ pro Liter billiger, das sind ☐.

Bei Familie Lohmeier ist der Preis um ☐ pro Liter billiger, das sind ☐.

Laufzettel 4
(Lösung)

Team R6 auf Mathe – Tour

(S. 134/135: Prozentrechnung)

Gruppe: ◯

Ergebnisse:

Station 1

1.a) Mögliche Werte:

Augenzahl	1	2	3	4	5	6
Endwert	0	0,44	1,25	3	8	35

b) Die Variable hat den Wert [20,8].

c)

x	0	1
$x + 2$	2	3
$x^2 + 2$	2	3

x	0	1	**2**
$x + 2$	2	3	**4**
$x^2 + 2$	2	3	**6**

Die Terme $x + 2$ und $x^2 + 2$ **sind äquivalent in $G_1 = \{0; 1\}$;**
sie sind **nicht äquivalent in $G_2 = \{0; 1; 2\}$.**

Station 2

2.a) Der gemessene Taillenumfang mit 71 cm ist **richtig** (berechnet: 71,12 cm).
Die innere Beinlänge ist mit 86 cm **falsch** gemessen (berechnet: 76,2 cm).

b) Die Reduzierung beträgt [14,85 EUR].

Station 3

Die Inline-Skates kosten jetzt [143,04 EUR].

Station 4

4.a) Hans **hat Recht**.

b) Das DIN – A4 – Blatt wiegt [5 g].

c) ---

d) 1 m^2 Papier wiegt [100 g].

e) Ein DIN – A3 – Blatt wiegt [12,5 g].

Station 5

5.a) Frau Grauer spart [64 EUR]. Familie Lohmeier spart [26 EUR].

b) Bei Frau Grauer ist der Preis um [4 Cent] pro Liter billiger, das sind [6,25 %].
Bei Familie Lohmeier ist der Preis um [1 Cent] pro Liter billiger, das sind [1,6 %].

Laufzettel 5

Team R6 auf Mathe – Tour

(Zu S. 172/173: Die Menge $\mathbb{Z}$ der ganzen Zahlen)

Gruppe: ◯

Ergebnisse:

Station 1

1. a)

a − 2		**a + 1**
	a	
		a + 2

b)

	- 6	

Station 2

<table>
<tr><td rowspan="2">+ 5</td><td rowspan="2">+ 3</td><td>- 34</td><td>+ 6</td><td rowspan="2"></td><td rowspan="2">- 21</td></tr>
<tr><td>+ 7</td><td></td></tr>
<tr><td rowspan="4">- 4</td><td rowspan="4">- 27</td><td colspan="2">- 3</td><td rowspan="4">- 14</td><td rowspan="4">+ 11</td></tr>
<tr><td colspan="2">+ 1</td></tr>
<tr><td colspan="2">+ 8</td></tr>
<tr><td colspan="2">- 29</td></tr>
</table>

Station 3

3.a) Die beiden Knoten sind in Wirklichkeit symmetrisch/nicht symmetrisch(**Falsches durchstreichen**!).

b) ---

Station 4

4.a) Rangliste:

	Name	über / unter dem Platzstandard
1.		
2.		
3.		

	Name	über / unter dem Platzstandard
4.		
5.		
6.		

b) Der Profi Ballaro

Station 5

5.a)

b)

c)

Laufzettel 5
(Lösung)

Team R6 auf Mathe – Tour

(Zu S. 172/173: Die Menge $\mathbb{Z}$ der ganzen Zahlen)

Gruppe: 

Ergebnisse:

Station 1

1. a)

a − 2	a + 1	a + 1
a + 3	a	a − 3
a − 1	a − 1	a + 2

b)

- 8	- 5	- 5
- 3	- 6	- 9
- 7	- 7	- 4

Station 2

<table>
<tr><td rowspan="2">+ 5</td><td rowspan="2">+ 3</td><td>- 34</td><td>+ 6</td><td rowspan="2">+ 1</td><td rowspan="2">- 21</td></tr>
<tr><td>+ 7</td><td>- 2</td></tr>
<tr><td rowspan="4">- 4</td><td rowspan="4">- 27</td><td colspan="2">- 3</td><td rowspan="4">- 14</td><td rowspan="4">+ 11</td></tr>
<tr><td colspan="2">+ 1</td></tr>
<tr><td colspan="2">+ 8</td></tr>
<tr><td colspan="2">- 29</td></tr>
</table>

Station 3

3.a) Die beiden Knoten sind in Wirklichkeit nicht symmetrisch.

b) ---

Station 4

4.a) Rangliste:

	Name	über / unter dem Platzstandard
1.	Higg	- 12
2.	Tiger	- 8
3.	Stüve	- 1

	Name	über / unter dem Platzstandard
4.	Reagan	+ 1
5.	Murx	+ 2
6.	Lang	+ 4

b) Der Profi Ballaro kommt mit 5 Schlägen unter dem Platzstandard noch an die 3. Stelle.

Station 5

5.a) Darf ich die Matheaufgaben abschreiben? Hilfst du mir bei den Hausaufgaben?
Ich gebe dir ein Essen aus. Treffen um 16.00 Uhr am Kino.

b) Damit das Wort auch im Rückspiegel gelesen werden kann.

c) **Ambulance**